JN060041

原発で重大事故

その時、どのように命を守るか？

児玉 一八 著

はじめに
― この本で伝えたいこと―

　気候変動が差し迫った課題となっていることや、ロシアのウクライナ侵略などに起因する電力調達価格の高騰で電気料金が値上げされることなどをふまえて、原子力発電の利用を促進すべきだという主張が強まっています。

　私は、福島第一原発事故を起こした原発を引き続き電力供給の主軸にしていくのか、あるいはこのような事故を二度と起こさないために撤退していくのか、そもそも生活や産業を支えるエネルギーや電力をどう安定供給するのか、国民が肝を据えて議論しなければならないと思っています。

　ところで、こういった議論を進める上で必ず押さえておかなければならないひとつの問題が、このところ抜け落ちてしまっているように思えてなりません。それが、この本のテーマである原発事故時の防災対策、すなわち原発で重大な事故が起こってしまった際にどのようにして命を守るか、という問題です。

　原子力発電が他の発電方法と本質的に異なるのは、燃料で核分裂連鎖反応が起こると炉心に大量の放射性物質が蓄積していくということです。これらは強い放射能を持っているものが多く、厳重に閉じ込めて管理しなければなりません。ところが原子炉での核反応の制御や熱の制御に失敗すると、核分裂生成物が環境に放出してしまう事故が発生します。これが原発のシビアアクシデント（苛酷事故）で、これまでに世界で3回起こっています。

　1986年4月26日に発生した旧ソ連・チェルノブイリ原子力発電所（原発）事故では、2回の大爆発で原子炉本体と建屋が破壊されて大量の放射性物質が環境に放出され、29人が急性放射線障害で亡くなり13万5000人が緊急避難しました。放射性物質は広範なヨーロッパ諸国に降り注ぎ、8000km以上離れた日

本にも降下するなど、地球規模の汚染を引き起こしました。

　2011年3月11日の東北地方太平洋沖地震を引き金にして起こった福島第一原発事故は、3つの原子炉でシビアアクシデントが次々に起こるという世界初の惨事でした。この事故で福島県の多くの方々は甚大な被害を被ってしまいました。そういった中で、放射線被曝に起因する健康被害が起こらなかったのは、不幸中の幸いでした。一方、着の身着のままで避難したお年寄りが亡くなるなど2000人以上の方々が震災関連死し、避難に伴う健康状態の悪化も深刻でした。そして最大の被害は、子どもたちに起こった甲状腺がんの過剰診断でした。これらはいずれも、福島第一原発事故に起因する被害にほかなりません。

　日本の商業用原発の炉型はすべて、福島第一原発と同じ軽水炉です。軽水炉には、「熱の制御が極めてむずかしく、いったんそれに失敗すると、いとも簡単にシビアアクシデントを起こす」という致命的な欠陥があります。福島第一原発事故後に、関西・四国・中国の各電力会社の原発がふたたび運転していますが、この欠陥が取り除かれたわけではありません。したがって日本の原発を動かせば、福島第一原発事故のようなシビアアクシデントが起こる可能性が現在もあるわけで、その事故が起こった場合に住民が命を守るための対策が確立されていることが、原発を運転する大前提となるべきでしょう。

　ところが2013年に策定された新規制基準は、原子力防災対策が審査基準に含まれておらず、実効性のある対策がなくても原発の運転が可能になっています。こういった状況は、ただちに変えていかなければなりません。

　私は北陸電力・志賀原発が立地する石川県で、同原発1号機の試運転開始（1992年11月2日）前の1991年から原子力防災計画について研究し、営業運転開始（1993年7月30日）後の1994年から同訓練を視察してきました。この本では、30年以上にわたる研究・視察をふまえて、日本の原子力防災対策は原発事故時に住民の命を守るために役に立つのか否かを検証しています。ちなみに、日本では北海道から九州まで13道県に原発が立地していますが、原子力防災計画はほとんど同じ内容です。したがって、志賀原発に対応した石川県原子力防災計画・訓練について行った検証は、他の道県のものにも当てはまると考えて差し支えないでしょう。

　福島第一原発事故前の原子力防災訓練は、原子炉が冷却不能になって炉心が

損傷しても、注水機能が回復すればとたんに事故は収束に向かうという現実離れした想定で行われていました。1990年代の原子力防災訓練では、原発から２kmも離れていない集落でハンドマイクを持って歩きながら事故発生を知らせて、避難を呼びかけるのを目にしたことがあります。緊張感がまったくないことに驚いたものです。その背景には、米ソでシビアアクシデントが起こったのに、「日本では起きない」という思い込みがありました。深刻な事故など起きるはずがないと思っているから、訓練も形だけのものになっていたわけです。ところが、福島第一原事故という現実の事故によって日本の原子力防災体制は崩壊し、事故後に防災計画区域が10kmから30kmに拡大されるなどの見直しが行われました。

　この本の執筆も大詰めを迎えていた2022年11月23日、石川県原子力防災訓練が行われました。屋内退避施設では、高齢者や障害者など自分一人では避難が困難な人（要配慮者）が介助する人（介助者）といっしょに、コンクリートの建物に入って放射線被曝を避ける訓練を視察しました。ところが自分では歩けないはずの「要配慮者役」の人たちが、「介助者役」の手を借りることなく急な階段を、服のポケットに手を突っこんだまま足早に昇っていきました。要配慮者役が車いすに乗り、介助者役がそれを押しているのが一組だけありましたが、玄関に入ったとたん要配慮者役の人が立ちあがり、歩いて建物の中に入っていきました。いっしょに視察した人たちから、「ゆるみまくっているなぁ」という声が聞こえました。

　30km圏の境界にある大学の体育館では、避難してきた住民が放射性物質で汚染している否かを検査する訓練が行われました。ある団体の人が放射線測定器の使い方を説明するのを見ましたが、摩訶不思議な説明を延々としていて、「これでは汚染は到底発見できないだろうな」と思いました。福島第一原発事故から11年もたってこんなことが漫然と行われるのは、何のために原子力防災訓練を行うのかがまったく理解されていないからでしょう。

　この本では、原発事故が起こったら、状況にかかわらずただちに避難するというのは、合理的な判断ではないということも述べています。

　福島第一原発事故に伴う深刻な被害の象徴ともいえるのが、避難によって多くのお年寄りが命を失ってしまったことです。自立歩行が困難で健康状態もよ

くない高齢者を観光バスに無理やり乗せ、長時間の移動を強いて避難所も劣悪な環境だったため、肉体と精神をむしばまれて衰弱し亡くなったのです。「放射線被曝による被害」を避けようとした結果、「放射線被曝を避けることによる被害」が起こってしまったわけです。一方を避けると他方を被る、という関係性も考慮しなければならないということが、福島第一原発事故によって明らかになった痛切な教訓です。

2020年からの新型コロナウイルス感染症流行のように新たなリスクが加わっている状況や、地震などの自然災害が同時発生したもとでの原発事故においては、放射線被曝のリスクだけでなくそれらのリスクも一つひとつ比較・考量して、全体としてリスクがもっとも小さくなる行動を選び取らなければなりません。そういったことができるようにするには、リスク評価を行うための科学的知識が必要になります。中でも放射線や放射性物質に関する知識は不可欠です。さらに、知識を持っているだけでは不十分で、さまざまな状況の中でそれらを適切に応用する能力も欠かせません。この本ではそのようなことを、入口となる知識から応用の仕方まで丁寧に説明しています。

この本の内容をざっと紹介します。

「第1部　原発事故——その時、命を守るために必要な知識」は、第1章から第4章までです。

第1章では、現在までに世界で起こった3つの重大事故（福島第一原発事故、旧ソ連・チェルノブイリ原発事故、アメリカ・スリーマイル島原発事故）が、どのように発生・進展していったかを説明し、このようなシビアアクシデントが起こると地域そのものが崩壊してしまうことを述べています。

第2章では、放射線や放射性物質の基礎知識や放射線を浴びないための方法、放射線の測定法などを紹介した上で、原発事故で放射性物質がどのように漏れ出すか、事故後のどんな時期に何に気をつければいいかを書いています。

第3章では、放射線は私たちの五感に感じないけれども、宇宙や大地などからの放射線に囲まれて暮らしていること、放射線をどのくらい浴びると影響が出るのかについては、「量が大事」であることなどを説明しています。

第4章では、福島第一原発事故後に起こったことをふりかえり、幸いにも放射線被曝に起因する健康被害は起こらなかったこと、一方で「放射線被曝を避

けることによる被害」で多くの方が亡くなったこと、最大の被害は子どもたち
に起こった甲状腺がんの過剰診断であったことを述べています。

「第2部　原発で重大事故が起こった！——できる限りリスクを小さくする
ために、どう行動・判断するか」は第5章から第7章までです。

第5章では、筆者が石川県で30年以上にわたって原子力防災計画・訓練の調
査を続けてきたことをふまえて、福島第一原発事故後に防災体制が見直された
ものの、原発事故時のいっせい避難や避難住民の汚染検査体制、屋内退避施設
などがさまざまな問題を抱えていることを指摘しています。

第6章では、新型コロナウイルス感染症のパンデミックは原子力防災にも深
刻な影響を与えていることを説明し、放射線防護対策と新型コロナ対策は互い
に矛盾することが多く、両立が果たして可能なのかを問うています。

第7章では、命を守るために最善となる行動を選択するために、日頃からど
んな備えが要るのか、原発事故時にどのように判断して行動すればいいかを考
察します。その上で、原子力防災が成り立つための3つの条件を提案します。

本書が、原発事故時に命をいかに守るかという課題で、国民的な議論を進め
るために少しでも役に立てば幸いです。

（児玉一八）

原発で重大事故——その時、どのように命を守るか?

目次

第1部

原発事故

その時、命を守るために必要な知識

第1章

日本と世界の原発で、
どんな重大事故が起こってきたか
── 福島第一、チェルノブイリ、スリーマイル島 ──

　原子力発電所（原発）で事故が起こった際の防災対策を検討していくために、第1章では現在までに世界で起こった3つの重大事故（福島第一原発事故、旧ソ連・チェルノブイリ原発事故、アメリカ・スリーマイル島原発事故）についてお話しします。

　この3つの事故はいずれも、シビアアクシデント（苛酷事故）といわれるものです。原子炉を設計する際には、あらかじめ「起こり得る事故（設計基準事故）」を想定するのですが、それを超えた事故が起きてしまうと、想定しておいた手段では炉心冷却や核反応の制御ができなくなります。そうすると運転員は、想定外の手段を自分でさがして対応しなければなりません。こういった事故がシビアアクシデントです。[*1]

　福島第一原発事故で私たちが目の当たりにしたのは、原発でひとたびシビアアクシデントが起こってしまえば、地域そのものが崩壊してしまうということです。日本と世界で起こった3つのシビアアクシデントが、どのように発生して進展していったのかを見ていきましょう。

第1節　福島第一原発事故
── 3つの原子炉でシビアアクシデント

(1) 福島第一原発事故の大まかな経過

　福島第一原発1〜3号機がシビアアクシデントを起こすきっかけになったの
は、2011年3月11日14時46分に三陸沖で発生したマグニチュード9.0の超巨
大地震（東北地方太平洋沖地震）でした。

　原発は、ウランなどが核分裂する際に発生する熱で水を沸騰させて蒸気を作
り、その蒸気でタービンをまわして発電しています。日本の商業用原発はすべ
て軽水炉という炉型ですが、水を沸騰させる方法によってさらに沸騰水型と加
圧水型に分けられ、福島第一原発は沸騰水型です（詳しくはコラム1-1を参照し
てください）。福島第一原発事故の経過をかいつまんでご説明しましょう。^{*1-5}

　東北地方太平洋沖地震が発生した時、福島第一原発の1、2、3号機は運転
中で、4、5、6号機は定期検査で止まっていました。1、2、3号機ではこ
の地震の揺れを感知して原子炉に制御棒が自動的に挿入され、核分裂反応が停
止しました。しかし、核分裂は止まっても、原子炉には核分裂によってできた
た放射性物質がたまっていて、膨大な量の崩壊熱を出し続けています。そのた
め、ポンプをまわして水を循環させ、原子炉を冷やし続けなければなりませ
ん。

　ポンプをまわすために電力が必要ですが、原発の発電機はすでに止まって
いますから、別の発電所から電力を送ってもらわなければなりません（外部電
源）。しかし地震で送電鉄塔が倒壊し、受電施設も破壊されてしまったため、
外部電源の供給がストップしてポンプは停止しました。外部電源が失われた直
後、非常用ディーゼル発電機が自動的に起動してポンプを動かし始め、原子炉
はふたたび冷却できるようになりました。ところが15時30分前後、二波の津
波が福島第一原発をおそったため、非常用ディーゼル発電機は浸水して機能を
失い、ついにすべての電源が失われてしまいました（全電源喪失）。

　すべての電源が失われても、炉心はなんとかして冷やし続けなければなりま
せん。そのために電源不要の冷却装置がいくつか設置されていて、それらが起

動して原子炉の冷却が再開しました。ところが電源不要の冷却装置も、数時間から３日ほどで次々に止まっていきました。冷却できなくなった原子炉では水位が低下し、膨大な熱を出し続ける核燃料がついに露出し始めました。電源不要の冷却装置は、事故の際に自動的に作動する最後の砦（とりで）でした。この装置が機能を失ったことで、福島第一原発事故はシビアアクシデントの領域に突入しました。３つの原子炉で事故は、時間の差はあるものの類似した経過をたどっていきました（図1-1）。

　原子炉の冷却ができなくなると、燃料棒が水の上にむき出しになって温度が急上昇していきます。燃料棒の温度が1200℃を超えると、燃料を覆う被覆管のジルコニウムと水が化学反応を起こし、その際に大量の水素が発生します。この反応が起こり始めると大量の熱も発生するので、温度はさらに上昇していきます。1800℃で被覆管が溶融し、2800℃になるとウラン燃料も融けてしまいます。こうしたことを防ぐために、直ちに原子炉に水を注いで（注水）冷やし続けなければなりません。しかし、福島第一原発事故では注水にも失敗してしまい、燃料棒をはじめ原子炉の構造物は次々と融けはじめました。原子炉圧力容器の底には穴が開いて、融けた構造物は格納容器の底へと漏れ出して落ちていき、燃料デブリとなりました。

　原子炉本体の圧力容器からは、放射能を含んだ蒸気や水素ガスが破損した配管などを通って格納容器に漏れ出しました。格納容器内の圧力も上昇していったため、耐圧限界を超えて大破損することを防ぐために、格納容器内のガスを人為的に放出するベントが行われました。ベントは、大量の放射性物質を放出するため、周辺住民を被曝（ひばく）せてしまいます。そのためベントは、「禁じ手」というべきものなのですが、福島第一原発事故では緊急時なので「背に腹は代えられない」と判断されて、ベントが行われました。

　ベントを行う際には、適切なタイミングが必要になります。ところが、事前に訓練が行われていなかったため、適切なタイミングでベントを実施することができず、原子炉格納容器の圧力を十分に下げることができませんでした。そのため、２号機では格納容器の大破損が起こりました。１、３号機では漏れ出した水素ガスが原子炉建屋の上部にたまり、引火して水素爆発が起こって建屋が崩壊しました。

① 全電源喪失

⋈弁（開）　——水の流れ　░░░蒸気の流れ

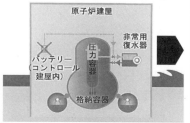

地震の揺れで外部電源（交流）を、津波
で浸水して非常用ディーゼル発電機（交
流）、バッテリー（直流）を喪失した

② 冷却機能喪失

⋈弁（閉）

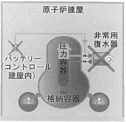

電源喪失により冷却機能を
失った。電源が不要の冷却
系も次々と停止

③ 原子炉水位低下

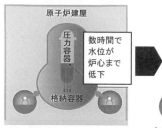

数時間で
水位が
炉心まで
低下

炉心の放射性物質が出す崩壊
熱により、圧力容器内の水が
蒸気になり、水位が低下

④ 炉心損傷・水素発生

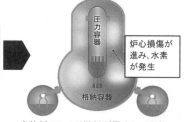

炉心損傷が
進み、水素
が発生

水位低下により燃料が露出し、温度
が上昇。被覆管と水の反応で水素が
発生し、燃料自体も高温で損傷

⑤ 水素爆発・放射性物質漏洩

格納容器が損傷
水素が建屋内へ
水素爆発が発生

圧力容器・格納容器が損傷し、
放射性物質と水素ガスが原子炉
建屋に漏出。水素爆発が発生

事故後の福島第一原子力発電所
（左から1、2、3、4号機）
2011年3月16日撮影

図1-1　福島第一原発事故の大まかな経過
出典：東京電力、福島第一原子力発電所1〜3号機の事故の経過の概要を一部改変

原子炉格納容器が持つ一つだけの役割は、原子炉の中の放射性物質を外に漏らさないことなのですが、福島第一原発事故では格納容器が大破損してしまったため、その役割はまったく発揮できませんでした。

　格納容器の破損や水素爆発、ベントのたびに大量の放射性物質が漏れ出しました。放射性物質は風に流されて拡散し、雨や雪によって地上に降り注いでそこにとどまり、各地に深刻な汚染が広がっていきました。

　これが、福島第一原発事故の大まかな経過です。事故機では、停電で真っ暗になって余震が続くといった苛酷な環境の中で、発電所員は必死になって対応にあたっていました。ところが、いったん冷却ができなくなった原発は、まるで急な坂を転げ落ちるように事故が進展していき、ついにはシビアアクシデントに至ってしまいました。

　事故発生から放射性物質が漏れ出していくまでの経過を１、２、３号機のそれぞれで見てみると、図1-2のようになります。

図1-2　１～３号機の事故発生から放射性物質漏出までの経過
出典：東京電力、福島第一原子力発電所１～３号機の事故の経過の概要を一部改変

(2) 水素爆発やベントのたびに放射性物質が放出された

　福島第一原発１～３号機で水素爆発やベントが起こるたびに、放射性物質が大気中に放出されました。図1-3は原発敷地内の空間線量率の変化を示したものですが、放出のたびに上昇して鋭いピークが現れていることが分かります。[*6]

　３月12日には１号機でベントが行われましたが、その作業は困難だったため何回かに分けて放射性物質を放出したことが、細かいピークが並んでいることから分かります。12日の15時36分には１号機で水素爆発が起こり、この時

にもピークが見られます。

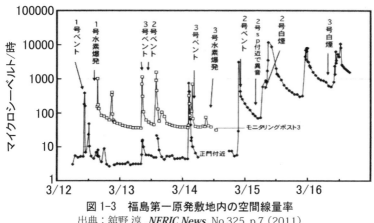

図1-3　福島第一原発敷地内の空間線量率
出典：舘野 淳, *NERIC News*, No.325, p.7（2011）

　3月13日には3号機、2号機の順でベントが行われました。3号機では14
日早朝にもベントが行われ、11時01分に水素爆発が起こりましたが、11時前
後はデータが欠落しています。

　3月15日6時頃に2号機の圧力抑制プール（コラム1-1参照）付近で大きな異
音が発生し、白煙が生じました。この時に同機の原子炉格納容器が破損したと
考えられ、大量の放射性物質が漏れ出しました。15日午前～昼過ぎに放出され
た放射性物質の大部分は、南東の風に乗って発電所北西の浪江町や飯舘村の方
向へ向かいました。15日夕方から16日未明には飯舘村などで雪、福島市では雨
が降って、放射性物質は大気から地表へ落ちてきて沈着しました。浪江町や飯
舘村周辺に深刻な汚染が起こったのは、このような事故の進展と気象状況によ
るものです。

　図1-4は福島第一原発から約200km離れた千葉市で測定された、事故後の大
気中の放射線量の変化です。ここには空間線量率が、どのような放射性物質に
よって変動しているのかも示されています。[*3]

　3月15日に非常に高いレベルになっていますが、その原因はキセノン133と
いう気体の放射性物質です。キセノン133はベータ崩壊する際にガンマ線を出
します。ガンマ線は遠くまで飛ぶので、キセノン133を含む放射性雲（プリュー
ム）が通過すると、ガンマ線の量が増加します。キセノン133は貴ガスなので

周囲の物質と反応しないため、放射能雲が通過している時はコンクリートの建物に入り、窓やドアを閉めて密閉性を高めれば、被曝量を減らすことができます。

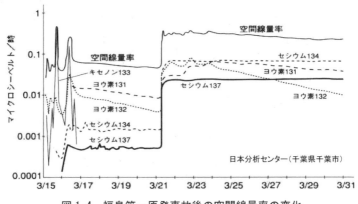

図1-4　福島第一原発事故後の空間線量率の変化
出典：安斎育郎、福島原発事故、かもがわ出版（2011）

　16日にも空間線量率が上昇しましたが、これもキセノン133によるものです。15日前後には2号機格納容器の破損やベントで放出された放射性物質が、風に乗って関東に到達したことがわかります。3月21日には雨が降ったために、上空をただよっていた放射性物質が雨粒とともに地表に降り注ぎました。この日をはさんだ後は、空間線量率がなかなか下がらなくなってしまいました。その原因は、原発事故による汚染の主役ともいうべき放射性セシウムと放射性ヨウ素が落ちてきて、土に沈着してしまったことです。

　放射性物質がその方角でどこまで特に運ばれ、どれだけ地表に降り注ぐかは、風向や風速、降雨や降雪などの気象条件に大きく左右されます。

　セシウム137が沈着したのは3月15～16日、20～23日の期間に集中し、この期間に雨と雪が降ったことがその原因でした（図1-5左[7]）。15日午後に日本南岸を低気圧が通過し、早朝から午前中は北～北東寄りの風が吹いて茨城・栃木県方面に放射性物質が運ばれましたが、この時間帯に関東の平野部では降水がなかったため、貴ガスの通過によって空間線量率は上昇しましたが、放射性セシウムの沈着は多くありませんでした。15日午後には南東の風に変わり、先述したように降雪・降雨に伴って浪江町や飯舘村に大量の放射性セシウムが沈着

しました。

　事故で大気中に放出された放射性物質のうち、2〜3割は陸上に、残りの7〜8割は海上に降り注ぎました（図1-5右）。これはその時に気象条件との巡り合わせに強く関係していて、もし3月15日の気圧配置が21日のようであったら、関東の汚染はずっと深刻であったと考えられます。一方、移動性高気圧が通過して南向きの風が続いたら、阿武隈山地や仙台平野の汚染が深刻だったと推測されます。

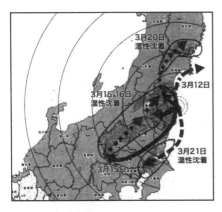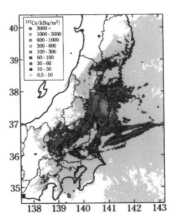

図1-5　放射性物質の輸送と地表への沈着（左）、大気中へのセシウム137
拡散の推計（右）（2011年3月11日〜4月20日）
出典：中島映至ら、原発事故環境汚染、東京大学出版会 (2014)

(3) 冷却に失敗するといとも簡単にシビアアクシデントに至る

　福島第一原発事故の原因はなんだったのでしょうか。それは、「熱の制御が極めてむずかしく、いったんそれに失敗すると、いとも簡単にシビアアクシデントを起こす」という、日本の原発（軽水炉）が抱えていた致命的な欠陥にありました。福島第一原発事故後に、関西・四国・九州の各電力会社の原発がふたたび運転していますが、この致命的な欠陥が取り除かれたかというと、決してそうではありません。

　熱の制御が極めてむずかしいとはいったいどのようなことか、かいつまんでご説明します。そのためにまず、電気ポットと原発の熱の出し方を比べてみることにしましょう。

電気ポットでお湯を沸かしていても、スイッチを切れば熱は発生しなくなります。火力発電も同じで、石油やガスの供給弁を閉めれば、ただちに熱の発生は止まります。ところが原子力発電は核分裂反応を止めても、原子炉で大量の熱が出続けます。燃料の中にたまっている放射性物質が、崩壊熱を出すからです。

　原子炉で核反応を停止しても、その直後には元の熱出力の７％ほどの熱が出ています。電気出力100万キロワット（kW）の原発（熱出力は300万kW）だったら、熱量は約20万kWという莫大なものになります（図1-6）。崩壊熱は時間とともに減りますが、１日後でも２万kW以上です[*1]。例えば電気ストーブは１kW程度ですから、２万台分の熱が出ていることになります。

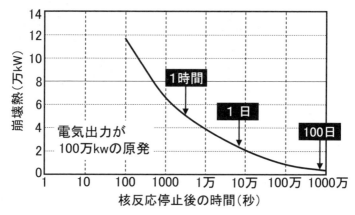

図1-6　核反応停止後の原発の崩壊熱
出典：舘野 淳、シビアアクシデントの脅威、東洋書店（2012）

　原発はなぜこのように熱の制御が極めてむずかしいのでしょうか。そのカギは、原発と火力発電の経済競争にあります。原発が実用化された頃、その発電原価は火力発電の２～３倍もしました。これでは競争に勝てないので出力を大きくし、出力密度も上げて、原価削減が急速に進められました。

　出力密度を上げるとは、燃料をせまいスペースに詰め込んで単位体積あたりの出力を上げることを意味します。アメリカでは原発の出力密度が、沸騰水型では1950年代後半の１リットル（L）あたり30kW（30kW/L）から1970年代前半には50kW/Lに、加圧水型でも25kW/Lから100kW/Lに上げられました。出

力の大型化もあわせて行われましたが、そのやり方はあたかもコピー機で拡大するようなもので、安全性の確認が不十分なままでした。こうしたことによって、熱の制御はどんどん困難になっていきました。

　そのことを示すのが、単位体積（1 L）当たりの熱の発生率（燃焼室熱発生率）です。火力発電のボイラーは最大で1.5kW/L程度なのに、原発は沸騰水型が50kW/L、加圧水型は100kW/Lという高密度で熱が発生しています。原発はこのような高密度で熱が発生しているので、冷却に少しだけ失敗するなど対応をわずかに誤ってしまっただけで、あっという間に原子炉の燃料などが融けるという重大な事故に至ってしまうわけです。^{*1}

　このような原発は例えてみれば、卵をとがったほうを下にして無理やり立たせ、ふらふらと不安定な状態にあるものを、まわりにいくつも“つっかえ棒”で支えているというような脆弱なものです。この“つっかえ棒”が、「電源不要の冷却装置」や「ベント」、「消防車のポンプによる注水」などだったわけですが、それらは事故の進展を食い止めることができませんでした。

　福島第一原発事故のような事故を二度と起こさないためには、卵を横向きにして安定にしなければならないはずです。例えば、燃料被覆管にジルコニウムを使っているから高温で水と反応して水素を発生させ、水素爆発につながったのですから、そのような反応を起こさないステンレス鋼で被覆管をつくれば水素発生の原因は取り除けます。

　ところが事故後になされた「安全対策」は、このようなものではまったくありません。とがったほうを下にしたままで、ふらふらと揺れ動く不安定な卵のまわりに置いた“つっかえ棒”の数を「少し増やした」というものにすぎません。これでシビアアクシデントの可能性はなくなったとは、到底いえないでしょう。ところが原子力規制委員会は、そういった原発の再稼働を認めてしまいました。

コラム 1-1
軽水炉には「沸騰水型」と「加圧水型」がある

　原発はウラン235などの核分裂を起こす物質にゆっくりと連鎖反

応を起こさせ、発生する核エネルギーを利用して発電します。その際に、中性子の速度を遅くして原子核に当たりやすくする減速材と、熱くなった燃料の熱を奪う冷却材が使われます。

　原発は、①核燃料にどんな物質を使っているか、②減速材に何を使っているか、③冷却材は何か、でさまざまな炉型に分類されます。日本の商業用原発はすべて、①低濃縮ウラン、②減速材は軽水（普通の水）、③冷却材も軽水を使っていて、軽水炉と呼ばれています。軽水炉はさらに、水を沸騰させる方法によって沸騰水型（BWR）と加圧水型（PWR）に分けられます（図1-7）。[*8]

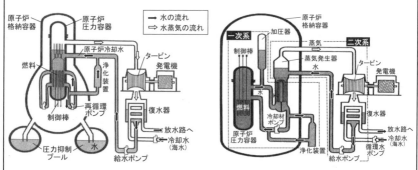

図1-7　沸騰水型（左）と加圧水型（右）
出典：中島篤之助、Q&A原発、新日本出版社（1989）の図を一部改変

　沸騰水型は原子炉で水を直接沸騰させて、水蒸気をタービンに送って発電します。沸騰水型の原子炉は約73気圧の圧力がかかっているので、水は約285℃で沸騰しています。水蒸気はタービンを回した後、復水器という熱交換器（高温の物体と低温の物体（復水器の場合は両方とも水）の間で熱のやり取りをすることで、物体を加熱したり冷却したりする装置。ボイラーや自動車のラジエーターも熱交換器です）で冷やされて水に戻り、ポンプで再び原子炉に送り返されます。復水器には大量の水が必要で、電気出力100万kW（日本で標準的な大きさ）の原発では1秒間に70トンにも達するので、日本のすべての原発はこの水を海からくみ上げています。

加圧水型は原子炉に158気圧という高い圧力をかけるので、300℃になっても水は沸騰しません。高温の水は蒸気発生器（これも熱交換器です）に送られて、数万本もの細い管の中を流れます。管の外には別の系統の水が流れていて加熱され、これが沸騰して水蒸気になってタービンに送られます。原子炉を流れる水を一次系、蒸気発生器で熱を受け取って沸騰する水を二次系といいます。

　加圧水型は沸騰水型に比べて構造が複雑になっていますが、冷却水を一次系と二次系に仕切っているので、タービンには原子炉の中を流れる放射性物質が混じった水蒸気が、原理上はこないという利点があります。ただし、蒸気発生器の細い管（細管）に小さい穴（ピンホール）ができることが多く、その場合には一次系の水が二次系に漏れ出してしまい、タービンに放射性物質が混じった水蒸気がやってきます。

参考文献

＊1　舘野淳、シビアアクシデントの脅威、東洋書店（2012）.

＊2　原子力技術史研究会、福島事故に至る原子力開発史、中央大学出版部（2015）.

＊3　安斎育郎、福島原発事故、かもがわ出版（2011）.

＊4　岩井孝・児玉一八・舘野淳・野口邦和、福島第一原発事故10年の再検証、あけび書房（2021）.

＊5　東京電力、福島第一原子力発電所1〜3号機の事故の経過の概要. https://www.tepco.co.jp/nu/fukushima-np/outline/2_1-j.html、2022年9月16日閲覧.

＊6　舘野淳, 放射線量ピークと事故経過, *NERIC News*, No.325, p.7（2011）.

＊7　中島映至・大原利眞・植松光夫・恩田裕一、原発事故環境汚染、東京大学出版会（2014）.

＊8　中島篤之助、Q&A原発、新日本出版社（1989）.

第2節　チェルノブイリ原発事故
── 世界を震撼させた史上最悪の事故

(1) 原子炉はきわめて危険な状態だったのに「実験」を強行した

　旧ソ連・ウクライナ共和国のチェルノブイリ（ウクライナ語ではチョルノー
ビリですが、以下はよく知られた名称のチェルノブイリを使います）原発4号機で、
1986年4月26日の深夜にシビアアクシデントが起こりました。事故の引き金
になったのは一つの「実験」だったのですが、もともと欠陥を抱えた原発で
あったこと、運転員がさまざまな規則違反をしたことが事故の原因となりまし
た。^{*1-5}

　原子炉で暴走が起こって2回の大爆発が起こり、原子炉本体と建屋が吹き飛
ばされて青天井となり、黒鉛火災も発生して大量の放射性物質が環境に放出さ
れました。その放射性物質はヨーロッパ諸国をはじめ地球規模での汚染を引き
起こし、この原発から8000km以上離れた日本にも降下しました。

　チェルノブイリ原発は、RBMK（沸騰水型黒鉛減速軽水冷却チャンネル炉）型
という旧ソ連が開発した炉型です。日本の原発（軽水炉）は軽水を減速材
に使っていますが、RBMK型は減速材が黒鉛です。一方、冷却材はRBMK
型、日本の軽水炉ともに軽水です。ソ連国内では1985年12月末時点で14基の
RBMK型原発が稼働しており、国内の原発設備容量の約53％をしめていまし
た。すなわちRMBK型は、ソ連でもっとも運転実績のある発電炉だったわけ
です。

　事故前日の4月25日、チェルノブイリ原発4号炉は保守点検のために停止
する予定になっていました。その際、発電所外からの送電が止まる事故（外部
電源喪失事故）が起きた時に、タービンを慣性で回し続けて発電し、所内の電
力需要にどれだけ利用できるかを「実験」しようとしていました。

　原発では、原子炉を冷却するためのポンプを回したり、中央制御室での電源
としたりする電力が必要です。原子炉を停止したら発電もストップしますか
ら、発電所外から電力の供給を受けることになります。この実験は、その所外
からの供給がストップした状況を想定していました。

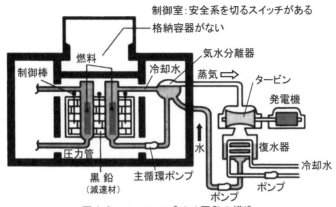

図 1-8　チェルノブイリ原発の構造
出典：安斎育郎、放射能から身を守る本、中経出版（2012）の図を一部改変

　4月25日午前1時、計画に基づいて運転員は原子炉の出力を定格（安全に運転できる条件で出せる最大の出力）から徐々に低下させ始め、非常用炉心冷却装置（ECCS）を解除しました。ECCSは、原子炉容器の中から水などの冷却材が失われる事故が起こった際に、直ちに冷却材を炉心に注入して炉心を冷却する安全保護装置です。したがってECCSを解除することは、運転規則違反とされていました（第1の運転規則違反）。

　計画では定格の20〜30％まで出力を下げて実験を行う予定でしたが、ウクライナの首都キーウ（キエフ）の給電指令室から突如、電力供給を続けるよう要請がきました。そのため運転員は、「いつになったら実験を始められるのか」といらいらしながら、安全保護装置のECCSを解除したまま運転を続行しました。

　約9時間後に出力低下を再開しましたが、操作ミスで予定よりはるかに低い出力になってしまいました。チェルノブイリ原発の炉型（RBMK）は低出力で制御が難しいという性質があるので、低出力での運転は禁止されていました。この時点で断念すべきだったのですが、実験は続行されました（第2の運転規則違反）。

　日が変わった4月26日の午前1時すぎ、予備ポンプを起動させると規定を超える量の冷却水が循環し始めました（第3の運転規則違反）。すると水温が下がって気泡が大幅に減少して、原子炉が不安定な状態に陥りました。こうなる

と安全装置が作動して原子炉が自動停止する可能性があるので、運転員は実験を続けるために、停止信号をバイパスして効かなくしてしまいました（第4の運転規則違反）。

(2) 原子炉が暴走。2回の大爆発で原子炉本体と建屋が破壊

午前1時22分30秒、規則では30本以上でなければならない反応度操作余裕が6〜8本まで低下しました。原子炉緊急停止信号が発生すると、制御棒が緊急挿入されます。その際に、挿入されるすべての制御棒による効果が、制御棒の性能がもっとも効果的に発揮できる位置にある制御棒に換算して、何本分に相当するかを示す量が反応度操作余裕です。この量が多いほど、制御棒の挿入による効果が大きいことになるので、緊急時に制御棒を挿入した際に、核分裂反応を効果的に抑制することができるわけです。この炉の反応度操作余裕の許容最小量は、運転規則で30本分相当と決められていました。

反応度操作余裕が6〜8本まで低下したのですから原子炉は緊急停止しなければならないのに、運転員は実験を継続するために、それを無視しました（第5の運転規則違反）。この時、原子炉はきわめて危険な状況になっていました。ところが運転員は実験を開始するために、タービン発電機が止まると原子炉を自動停止させる保護信号をバイパスしてしまったのです（第6の運転規則違反）。バイパス操作は、実験が失敗しても速やかにもう一度実験するために行われました。このような操作を行うことは、実験計画書には書かれていませんでした。

1時23分04秒、原子炉からタービンに向かう蒸気を絶って、実験が開始されました。原子炉を流れる冷却水の流量が減って温度が上昇し、気泡が増えて出力が上昇し始めました。1時23分40秒、これに気づいた現場責任者は原子炉の緊急停止ボタンを押すように命令しました。しかし、もう手遅れでした。

緊急停止ボタンが押された4秒後、出力は定格の約100倍に急上昇しました。核反応が暴走した結果、数秒の間隔で2回の爆発が起こりました。1回目の爆発は燃料が溶融して飛散し、水に接触して水蒸気爆発を起こしたものであり、2回目は被覆管のジルコニウムと水の反応で発生した水素が爆発したと考えられています。爆発によって原子炉と建屋は破壊され、減速材の黒鉛から火災が

発生しました。このようにして事故の発生から10日間にわたり、大量の放射性物質の放出が続きました。

　こうした経過を見てみると、運転員がさまざまな規則違反をしたことが事故の原因のように思えます。ところが旧ソ連はチェルノブイリ事故後、同じ炉型の原発すべてで出力を制御する機構にさまざまな設計変更を行いました。なぜ設計変更をしたかというと、RBMK型原発には重大な欠陥があったことが分かったからです。

　RBMK型原発には、低出力では制御が非常にむずかしいという欠陥や、制御棒にも設計上のさまざまな欠陥がありました。ソ連はこれを知っていたから低出力での運転を規則で禁止し、事故後に制御機構の改善を行ったのです。運転員の規定違反は事故の引き金でしたが、本質的な原因はRBMK自体にあったのです。

　さらに、ECCSを解除したり、原子炉緊急停止の保護信号をバイパスしたりしても運転できるという、安全保護システムにも重大な問題がありました。そもそも安全性が確認されていない実験を、実用の原発でいきなり計画して行ったことはあまりにも乱暴です。また、実用炉ではなくて実験炉だったら、給電指令室から電力供給の要請は来ることもなかったし、実験が遅れて運転員がいらいらしながら待機することもなかったはずです。

⑶ 急性放射線障害で29人が死亡し、13万5000人が緊急避難

　2回の爆発によって原子炉を構成する物質などが大量に放出され、高温の黒鉛が飛び散ったため、タービン建屋の屋根のアスファルトなど各所で火災が発生しました。火災の消火は困難をきわめて、その作業で多数の人が犠牲になりました。

　事故直後に消火活動に参加した消防士と原発運転員に吐き気と嘔吐、頭痛などが現れ、キーウとモスクワの病院に運ばれました。237人が急性放射線障害と診断され、29人が懸命な治療にもかかわらず1986年8月までに亡くなりました（表1-1）。

表1-1　事故直後の重度の急性放射線障害患者

重度分類	被災者数（人）	死亡者数（人）	全身の被曝線量（Sv）
重度4	22	21	16〜6
重度3	23	7	6〜4
重度2	53	1	4〜2
重度1	45	0	2〜1

出典：日本科学者会議編、地球環境問題と原子力、リベルタ出版（1991）

　重度4の人は被曝後30分ほどで吐き気・頭痛・発熱が始まり、1週間ほどで重い放射線障害の症状が現れました。この人たち全員が体表面の40〜50％に放射線による火傷を負っていて、ほかに放射線障害がなくても、この火傷が命取りになったと考えられます。重度3の人は8〜17日で放射線障害の症状が現れ、脱毛が特徴的に見られました。2〜7週間で7人が亡くなり、重い皮膚障害が見られました。さらに事故時の爆発と火傷で2人、ヘリコプターが燃料交換クレーンに衝突してパイロットが1人、避難中のショックで住民が1人死亡したとされています。

　1986年5〜12月には、4号炉を覆う「石棺」の建設や1〜3号炉建屋と周辺の除染に、延べ25万人が動員されました。動員された人数は、除染作業だけで1日あたり5000〜1万人に達しました。もっとも困難な作業は、汚染した黒鉛ブロック・核燃料・原子炉構造材の破片が四散していた3号炉建屋の屋根の除染で、1人あたり数十秒〜数分間ずつの決死の作業でした。この危険な作業に、3500人が自ら志願して参加したとのことです。1987年以降に除染に加わった人たちを加えると、その数は延べ60万人以上になるとされています。

　事故直後に半径30km圏内の全住民13万5000人が、強制的に避難させられました。これらの人々の外部被曝線量の平均は120ミリシーベルト（mSv）で、3〜7km圏の住民は540mSvになったとされます（表1-2）。[*5]

　チェルノブイリ原発事故で大気中に漏れ出した放射性物質は、1〜2エクサベクレル（EBq。エクサは10の18乗なので、1 EBqは1兆Bqの100万倍）だったと評価されています。また、放射性貴ガスは原子炉内のすべて、セシウム137やヨウ素131などの揮発性物質は原子炉内の10〜20％、非揮発性物質は原子炉内の3〜4％が放出されたと報告されています。[*6]

表1-2　事故直後に避難した原発から半径30km圏住民の外部被曝線量

地　域	人　口（人）	1人あたりの平均線量（mSv）
プリピャチ市	45,000	33.3
3〜7km	7,000	543
7〜10km	9,000	456
10〜15km	8,200	354
15〜20km	11,600	52
20〜25km	14,900	60
25〜30km	39,200	46
合　計	134,900	116

出典：日本科学者会議編、地球環境問題と原子力、リベルタ出版（1991）

　事故直後には西〜北西、事故後の4日間には北〜北東の風が吹いたため、貴ガス以外の放射性物質の約70％はベラルーシ共和国に降り注いだと推定されています。放射性物質は、ヨーロッパ諸国はもちろん、チェルノブイリ原発から8000km以上離れた日本にも降下するなど、地球規模での汚染を引き起こしました。[*7]

⑷ 福島第一原発事故とチェルノブイリ原発事故の違いは何か

　福島第一原発事故とチェルノブイリ原発事故はいずれも、国際原子力事象評価尺度（INES。国際原子力機関（IAEA）と経済協力開発機構原子力機関（OECD/NEA）が策定した、原子力および放射線関連の事故の重大性を評価した尺度で、レベルが一段階上がることに深刻度が約10倍になるとされている）が最悪の「レベル7（深刻な事故）」と評価されています。そのため、福島第一原発事故はチェルノブイリ原発事故と、被害の大きさが同じ程度だと考えてしまいそうです。ところが放射性物質による汚染地域の広がりが大きく異なるなど、2つの事故の規模はかなり違っています（図1-9）。[*8.9]

　事故の状況と放射性物質の放出がそれぞれどうだったか、比べてみましょう。チェルノブイリ原発事故では原子炉の出力が定格の100倍に急上昇して、水蒸気爆発が起こって原子炉とその建屋が破壊されました。さらに、もともと格納容器のない原子炉であり、爆発によって圧力容器の上蓋が吹き飛んで青天井になってしまい、減速材の黒鉛が火災を起こして10日間燃え続けました。

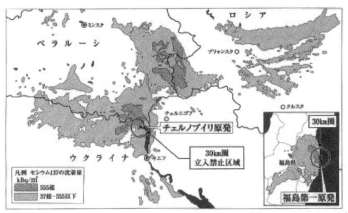

図 1-9　福島第一原発事故とチェルノブイリ原発事故の汚染地域の比較
出典：中西友子、土壌汚染、NHK出版（2013）

　福島第一原発事故では、原子炉建屋の上部は水素爆発で破壊されましたが、格納容器に激しい破損は起こりませんでした（表1-3）。

表 1-3　福島第一原発事故とチェルノブイリ原発事故の比較

チェルノブイリ 原発事故	**暴走事故** 出力が定格の100倍になり、水蒸気爆発がおこって原子炉と原子炉建屋が激しく破壊	・大気中に放出された放射性物質の多くは、原発周辺の陸上に降下・沈着 ・不揮発性の物質（放出されにくい）も、爆発によって放出された
福島第一 原発事故	**空焚き事故** 原子炉建屋で水素爆発がおこったが、格納容器に激しい破壊はなかった（2号機は一部破損）	・大気中に放出された放射性物質の2～3割は陸上、7～8割は海上に降下 ・不揮発性の物質、揮発性があまり高くない物質は、放出量がとても少ない

　原子炉にはさまざまな放射性物質がたまっていますが、揮発性か不揮発性かで事故の際に漏れ出す量は大きく違ってきます。沸点が低いほど揮発しやすく、高いほど揮発しにくくなり、表1-4の左では上に行くほど事故の際に漏れ出しやすくなります。

　チェルノブイリ原発事故では、キセノン133などの貴ガスは原子炉内のすべて、揮発性の放射性ヨウ素は50％以上、放射性セシウムも30％以上が大気中に漏れ出したと評価されています。また、揮発性と不揮発性の中間にあたる放射性ストロンチウムは原子炉内の約5％、不揮発性のプルトニウムも約2％と、

本来なら漏れ出しにくい放射性物質まで大気中に出ていってしまいました。

　一方、福島第一原発事故による放出量は、放射性ヨウ素はチェルノブイリ原発事故のおよそ10％、放射性セシウムはおよそ20％とされています。

表1-4　福島第一原発事故とチェルノブイリ原発事故の放射性物質放出状況

貴ガス	キセノン	チェルノブイリ原発事故	・キセノン133などの放射性貴ガスは原子炉内の全量が、放射性ヨウ素は50％以上、放射性セシウムは30％以上が放出 ・プルトニウムなどの不揮発性元素、揮発性と不揮発性の中間のストロンチウムなどが、原子炉内の2〜5％も放出された
揮発性	ヨウ素 セシウム		
中間	ストロンチウム バリウム ルテニウム	福島第一原発事故	・放射性ヨウ素の放出量はチェルノブイリ原発事故の放出量のおよそ10％、放射性セシウムはおよそ20％であった ・プルトニウムやストロンチウムなど、不揮発性、揮発性〜不揮発性の中間の元素の放出量は、はるかに少なかった
不揮発性	プルトニウム ジルコニウム セリウム		

　２つの原発事故で、放射性物質の広がり方や被曝への対応も違っています。チェルノブイリ原発は内陸にあるため、放射性物質の多くは原発周辺の陸上に降り注ぎました。一方、福島第一原発で大気中に漏れ出した放射性物質は２〜３割が陸上に、７〜８割は海上に降り注ぎました。海上に放射性物質が降り注ぐのは海洋汚染を意味しますが、周辺住民の被曝は格段に小さくなります。

　さらに、チェルノブイリ原発事故は発生して５日間も旧ソ連国内では隠されていて、ヨウ素剤を飲むなどの被曝対策に重大な遅れがでました。事故５日後の５月１日には、原発から130kmにあるキーウでメーデーが行われて、雨の中で多くの市民が参加しました。さらにキーフ市民は少なくともこの日まで、チェルノブイリ原発で深刻な事故が起こっていることを知らされておらず、放射性ヨウ素で汚染した牛乳などの摂取禁止措置も遅れました。一方、日本では４月30日の時点で、外務省がキーウやミンスク（旧ソ連・ベラルーシ共和国の首都）方面への渡航を自粛するよう注意喚起を行っていました。

　福島第一原発事故では、政府が一部の情報を知らせなかったなどの問題はありましたが、国民は事故の経過をずっと注視でき、食品の放射能監視体制も早い段階から整備されていました。[*9] しかし、住民のパニックを避けるという理由で、SPEEDI（緊急時迅速放射能影響予測ネットワークシステム）の情報が、事故当初には発表されませんでした。[*10]

参考文献

＊１　中島篤之助編、地球核汚染、リベルタ出版（1995）.

＊2　原子力問題情報センター・日本科学者会議原子力問題研究委員会、チェルノブイリ原発事故（1987）.

＊3　安斎育郎、放射能から身を守る本、中経出版（2012）.

＊4　日本科学者会議編、暴走する原子力発電、リベルタ出版（1988）

＊5　日本科学者会議編、地球環境問題と原子力、リベルタ出版（1991）.

＊6　野口邦和、放射能事件ファイル、新日本出版社（1998）.

＊7　中島篤之助・角田道生、原発事故が起こったら、学習の友社（1989）.

＊8　中西友子、土壌汚染、NHK出版（2013）.

＊9　岩井孝・児玉一八・舘野淳・野口邦和、福島第一原発事故10年の再検証、あけび書房（2021）.

＊10　佐藤康雄、放射能拡散予測システムSPPEDI、東洋書店（2013）.

第3節　スリーマイル島原発事故
—— 世界で初めてのシビアアクシデント

(1)　運転開始から3か月後の最新鋭原発で起こった炉心溶融

　福島第一原発事故やチェルノブイリ原発事故のように、原発でシビアアクシデント（苛酷事故）が起こると原子炉の炉心や構造材が破壊されて、放射性物質が環境に放出されます。シビアアクシデントには、空焚き事故（冷却材喪失事故ともいい、原子炉の水が抜けてしまって冷却できなくなることで起こる）と暴走事故（反応度事故ともいい、原子炉での核反応が何らかの原因で急激に増加して起こる）の2種類があって、福島第一原発事故は空焚き事故、チェルノブイリ原発事故は暴走事故でした。

　これまでに、福島第一原発事故以外でも空焚き事故が起こっています。それが1979年3月28日に起こったアメリカ・スリーマイル島原発事故で、運転中の商業用原発で起こった世界初のシビアアクシデントでした。

　スリーマイル島原発は、アメリカ東海岸に近いペンシルバニア州を流れるサスケハンナ川の中州（その名前がスリーマイル島）に立っています。そこは首都ワシントンの北約150km、ニューヨークの西約250kmに位置し、1970年頃に

は半径8km以内に2万6000人、16km以内に14万人が住んでいました。

　この原発は、電気出力が95.9万 kWの加圧水型軽水炉（コラム1-1参照）で、事故が起こる3か月前の1978年12月30日に運転を開始したばかりの、当時では最新鋭の原発でした。スリーマイル島原発は運転経験が豊富な軽水炉であり、しかも最新鋭であって、事故の発生や拡大を防ぐ安全装置が何重にも取り付けられていました。それなのに、シビアアクシデントが起こって炉心が溶融してしまったのです。

　スリーマイル島原発事故の経過を、図1-10を見ながら追っていくことにしましょう。[*1-6]

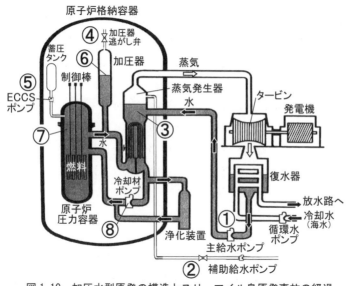

図1-10　加圧水型原発の構造とスリーマイル島原発事故の経過
出典：中島篤之助、Q&A原発、新日本出版社（1989）の図を一部改変

　事故は1979年3月28日午前4時、主給水ポンプ（①）の突然の停止で始まりました。このポンプは、タービンを出た二次冷却水を蒸気発生器に送っています。主給水ポンプが故障した場合、補助給水ポンプが作動して二次冷却水を蒸気発生器へ送るように設計され、正常に作動したのですが、出口弁（②）が閉まっていたので給水できませんでした。そのため蒸気発生器の二次側（③）は空焚きの状態になり、一次系の熱が二次系で吸収できなくなって原子炉の圧力

が上昇したため、原子炉は緊急停止しました。

　なお、補助給水ポンプの出口弁が閉まっていたことに、運転員は気づいていませんでした。出口弁が「閉」と表示するランプは点灯していたのですが、そのひとつ上に「整備中」という黄色の札がついていたので、「閉」のランプが点灯しているのを見損なってしまったのです。

　この時、加圧器（一次冷却水の圧力を上げて、沸騰しないようにする装置）の圧力逃がし弁（④）が自動的に開いて、一次系の圧力を下げ始めました。制御室では圧力逃がし弁のランプが「閉」の表示になったので、運転員は一次系の圧力が下がったので弁が自動的に閉じたと思いました。ところが実際は、圧力逃がし弁は故障していて、開いたままだったのです。

　圧力逃がし弁の故障で開いたままであることに、のちほど運転員が気づいて、手動でこの閉じるまで2時間22分もの間、一次冷却水の3分の1にあたる約80トンの水が開いたままの圧力逃がし弁から流出してしまいました。

　加圧器の圧力逃がし弁から冷却水が漏れ続けたので、一次系の圧力はどんどん低下し、非常用炉心冷却装置（ECCS、⑤）が作動して冷却水の補給を始めました。そのため制御室の表示では、加圧器の水位（⑥）は上昇し始めました。ところが実際は、加圧器の水位は原子炉内の水位を正しく示していませんでした。一次冷却水が局所的に沸騰を起こし、発生した蒸気の泡が一次冷却水を加圧器に押し上げてしまったため、見かけ上で加圧器の水位が上昇しただけで、原子炉の水位は上昇していなかったのです。

　しかし運転員は、まさか圧力逃がし弁が開いているとは思っていませんでした。そのため、このまま水位が上昇し続けると一次系が満水になり、原子炉（⑦）が高圧で危険になると判断して、ECCSを手動停止しました。実際は原子炉の水位が低下していて、ECCSからの水は手動停止から約11時間にわたって補給されませんでした。

(2) 警報が次々と鳴って運転員が判断不能に

　原子炉の一次冷却水ポンプ（⑧）は、事故の発生から1時間以上にわたって冷却水を循環させ、原子炉を冷却していました。ところが一次系の圧力が下がったので、冷却水の中に水蒸気やガスの量が増えて気液二相流（水の中に泡

が混じった状態）ができてしまい、ポンプが空回りを始めて激しい振動を起こしました（キャビテーションといい、放置するとポンプが破壊される危険があります）。そのため運転員は、日ごろの訓練で行っている通りポンプを停止しました。

　原子炉ではこの時、一次冷却水の流量が低下し、さらにその循環も止まったことによって、事故発生から1時間40分後頃に炉心が露出して核燃料が過熱し、損傷が急速に進んでいきました。また、高温になった燃料被覆管のジルコニウムと水が反応して水素ガスが発生し、原子炉から格納容器に漏れ出して水素爆発を起こしました。こうしたことによって燃料の中の核分裂生成物が大量に放出され、加圧器逃がし弁（④）を通って原子炉格納容器へ、さらに配管を通って建屋へと放出され、排気塔などから環境へ漏れ出していって放射線レベルが急上昇しました。貴ガスの大量放出は3月28日午前7時頃に始まり、ヨウ素はさらに2〜3時間後に大量放出が始まったことが、放射線測定器の記録から分かっています。

　スリーマイル島原発事故によって炉心の45％、62トン（t）が溶融し、このうち約20tが原子炉容器の底にたまったことが、後の調査で明らかになっています。事故から10年たって、原子炉容器の底の内壁面にひび割れが生じていたことも分かりました。一次冷却水が残っていたので、さいわい原子炉容器の貫通は免れましたが、もし原子炉の底のひび割れが拡大して溶融した燃料などがこれを貫通していたならば、さらに危機的な状態にいたった可能性が高いと推測されています。

　事故が進んでいく間、制御室では100ほどの警報が次々と鳴り響いて、運転員は混乱してどう対応すればいいか分からなくなってしまいました。警報装置はたくさんあればいいのではなく、現状が適切で迅速に把握できなかったら役に立たないのです[*7]。

　スリーマイル島原発事故では、運転員の操作によって人為的に事故が拡大した面はあります。しかし、運転員に真剣さが足りなかったわけでも、能力がとくに低かったわけでもありません。それなのに事故は起こってしまったのです。

⑶ アメリカの緊急事態区分で最悪の「一般緊急事態」となった

　事故の発生から約3時間後の午前7時頃、スリーマイル島原発には緊急事態態勢が敷かれ、近隣の市町村や州警察は警戒態勢に入りました。午前7時20分、格納容器の天井に取り付けられている放射線測定器が異常に高い値を示しました。この時点で、アメリカで決めている原発の緊急事態の中で最悪の、「一般緊急事態」が宣言されました。

　格納容器はそれまで、たまった水を別の建屋に移すなどの目的で隔離（安全を確保するために、弁を閉じるなどして外部とのつながりを閉鎖すること）されていませんでしたが、午前7時ころにやっと隔離されました。これで格納容器内の放射性物質が漏れ出なくなるはずでしたが、運転員は配管の閉鎖を解いてしまいました。そのため放射性物質がここを通って、周辺に放出されてしまいました。

　こうした事故の情報を、関係市町村の多くは州政府ではなく報道機関から知るという状況でした。原発から16km離れたハリスバーグの市長もその一人で、午前9時15分頃にラジオ局から「原発事故に対してどうするのか」と質問されて、初めて事故の発生を知りました。

図1-11　事故当時の写真。後ろに写っているのがスリーマイル島原発
出典：安斎育郎、放射能から身を守る本、中経出版（2012）

午前11時、事故対応で必要な人以外はスリーマイル島から避難させること
が指示されました。午後2時ころ、発電所の排気塔の約4メートル（m）上空
で1時間当たり30mSv（30mSv/時、自然放射線レベルの約40万倍に相当する）の
放射線を検出しました。

　発電所は事故翌日の3月29日、「事故は収まった」と発表しました。ところ
が30日に放射性ガスが漏れ出して、排気塔の上空39mで10mSv/時を検出しま
した。州知事は、16km以内の住民は少なくとも午前中は屋内にとどまること、
8km以内の住民のうち妊婦と乳幼児は優先的に避難することを勧告し、周辺
にある23の小学校は臨時閉鎖が命令されました。ハリスバーグへ通じる30m道
路は車で埋まり、自家用飛行機で退避する住民も現れました。電話が混乱を極
めたため、電話会社はテレビとラジオで「緊急以外の電話は控えるよう」要請
しました。

　スリーマイル島原発事故を調査したケメニー委員会の報告書は、「将来的に
重大事故が発生しないと保障してくれる魔法の杖は、発見できなかった。原子
力の安全性についての詳細な青写真も作成できなかった。もし一部の企業など
が抜本的に姿勢を変革しなかったら、やがて一般大衆の信頼を完全に失うこと
になるだろう」と指摘しました。[8]

　この事故は、次のようなことを私たちに教えています。

① 「原発で事故が起きても、機器は自動的に安全側に作動するから安全であ
　　る」という安全PRが行われたが、これは間違いであった。
② いくつかの故障や誤った操作が悪影響を及ぼしあって、事故が連鎖的・
　　複合的に拡大してしまい、大事故にいたることがある。
③ 原発で事故が起こったら、人間が判断を下さないといけない場合が多い。
　　人間の判断や操作が、事故原因に対してしめる比重も大きい。

参考文献と注

＊1　中島篤之助、Q&A原発、新日本出版社（1989）.
＊2　中島篤之助編、地球核汚染、リベルタ出版（1995）.
＊3　小野周・安斎育郎編、原発事故の手引き、ダイヤモンド社（1980）.
＊4　野口邦和、放射能事件ファイル、新日本出版社（1998）.

* 5　安斎育郎、放射能から身を守る本、中経出版（2012）.

* 6　吉田芳和、スリーマイルアイランド原子力発電所の事故と放射線モニタリングの概要、**保健物理**、第 14 巻、261-272 ページ（1979）.

* 7　ここで紹介した事故の詳細な経過は、大統領命令でできた事故調査特別委員会（委員長の名前からケメニー委員会と呼ばれる）が運転員一人ひとりと面接行った調査で明らかになりました。

* 8　日本科学者会議編、暴走する原子力開発、リベルタ出版（1988）.

第2章
原発事故と放射性物質の基本を知ろう

　原子力発電所（原発）で事故が起こって放射性物質が環境に漏れ出したら、放射性物質から飛んでくる放射線をできるだけ防ぐ必要があります。そのためには、放射線や放射性物質についての基礎知識をはじめ、放射線を浴びないための方法、放射線の強さなどを測定する方法について知っておくことが大切です。また、原発事故で放射性物質がどのようにして漏れ出してくるのかを知っていれば、事故後のどんな時期に何に気をつければいいのかも分かります。

　この章では、これらのことについてお話しします。

第1節　原子炉での放射性物質の生成・蓄積から放出まで

(1) 原子炉の中でどのように放射性物質ができるか

　はじめに、原発を運転するとなぜ放射性物質ができるのかをご説明します。

　第1章でお話ししましたように、原発の炉心にはウラン235を焼き固めた核燃料（ウラン燃料）が入っています。ウラン235に中性子をぶつけると核分裂反応が起こって、ウラン235は2〜3個の破片に分かれます。この破片を核分裂生成物といい、核分裂生成物のうち分裂直後にできるものは分裂片といいます。核分裂が起こると1〜4個の中性子も出てくるので、それが別のウラン235にあたって核分裂が続いていきます。同時に大量のエネルギーが発生するので、それで水を蒸気にかえて電気を起こしているわけです。

　核分裂生成物の中には放射能（原子が放っておいても自分で放射線を出して、別の原子に変わってしまう性質）を持ったものが多く、その放射能はウラン235の放射能よりも格段に強いものが多いことが知られています。そのため、原子炉

に入れる前のウラン燃料に比べて、使い終えた燃料（使用済み燃料）の放射能の強さは、1億倍ほどになります。

　核分裂片が、放射能を持った核分裂生成物になる際には、いくつかの異なる道筋を通ります（図2-1）。[*1]

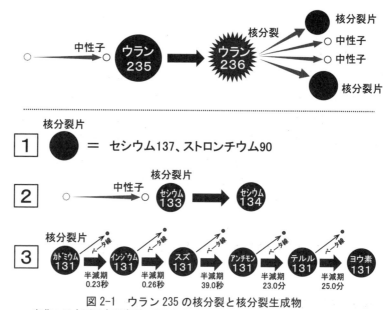

図 2-1　ウラン 235 の核分裂と核分裂生成物
出典：日本原子力研究所、JNDC Nuclear Data Library of Fission Products、
　　　JAERI 1287、88 頁（1983）から作成

　図 2-1 の 1 は、核分裂片そのものが放射能を持った核分裂生成物である場合です。セシウム 137（半減期 30.08年）、ストロンチウム 90（半減期 28.79年）はこれにあたります（セシウム 137、ストロンチウム 90は 3 の道筋でもできます）。

　2 は、核分裂片が原子炉内で中性子を吸収して、放射能を持った誘導放射性物質になる場合です。例えば、核分裂片のセシウム 133は放射能を持っていません（安定同位体。同じ元素に属する原子または原子核で、中性子の数が異なるために質量数が異なるものを同位体といいます）が、原子炉の中で中性子を浴びると質量数（原子核の中の陽子の数と中性子の数の合計）が 1 つ増えて、セシウム 134になります。セシウム 134は放射能を持っていて（放射性同位体）、半減期（放射性物質の量が半分になるまでの時間）は2.0652年です。このように、セシウム

134とセシウム137はいずれもセシウムの放射性同位体なのに、できかたがまったく違います[*2]。

3は、核分裂片の半減期が短くてすぐに別の放射性物質に変わる場合で、ヨウ素131（半減期8.0252日）はこのようにして生成します。ヨウ素131の大もとになる核分裂片はカドミウム131で、カドミウム131は0.23秒という短い半減期でベータ線（放射線の一種。詳しくはコラム2-1をご参照ください）を出してインジウム131になり、これがまた放射線を出してスズ131になるといった過程が続いて、ヨウ素131ができます。図2-1の3にはそれぞれの半減期が書いてありますが、カドミウム131からテルル131までは半減期がとても短いので速やかに別の元素に変わっていき、ヨウ素131は相対的に半減期が長いので原子炉にどんどん蓄積していくのです。

図2-2は、原子炉でウラン235が核分裂を起こした時に、どのような核分裂生成物ができるかを示したものです。核分裂収率は、ウラン235が核分裂した際に生じる核分裂生成物の量をパーセント（%）で示したもの（例えば100個のウラン235が核分裂して、ある核分裂生成物が3個できたら、核分裂収率は3%）です。

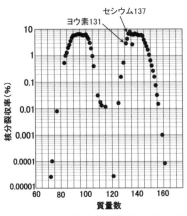

図2-2　核分裂生成物と核分裂収率

2つの核分裂生成物に分かれる場合、同じような大きさにはならず、片方がやや大きく、片方がやや小さくなるため、図2-2で質量数140付近と95付近に2つのピークが見られます（ウサギの耳のような形ですね）。原発事故で問題に

なるセシウム137は核分裂収率が6.19％と大きく、ヨウ素131も2.89％なのでこれまた大きいことが分かります。

⑵ 原子炉での放射性物質の蓄積

　ヨウ素131とセシウム137はいずれも核分裂収率が大きいのですが、原子炉での蓄積の仕方はまったく異なっています。その原因は、ヨウ素131とセシウム137の半減期がかなり違っていることです。図2-3は電気出力100万kW（日本の平均的な原発の大きさ。熱出力は320万kW）の原子炉で、ヨウ素131とセシウム137がどのように蓄積していくかを示します。

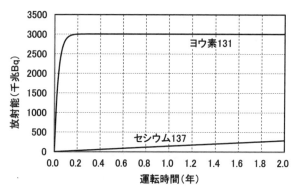

図2-3　原子炉の運転時間とヨウ素131、セシウム137の蓄積
注：電気出力100万kW（熱出力320万kW）

　原子炉では核分裂に伴ってさまざまな核分裂生成物が蓄積する一方、それらは放射線を出しながら別の原子に変わっていきます。そのため一定の時間が経つと飽和状態に達して、それ以上は増えなくなります。飽和するのに必要な時間は、半減期が短いほど少なくなります。半減期が８日と短いヨウ素131は、２か月ほどで飽和状態になります。ところがセシウム137の半減期は約30年なので、２年以上が経っても原子炉で蓄積し続けていきます。そのため２年ほど運転した原発では、原子炉に蓄積したヨウ素131の放射能は、セシウム137の放射能の10倍以上になります。

　ちなみに、原子炉の中に蓄積する核分裂生成物の放射能の強さは、以下の式

で計算できます。[*3]

$$A = 3.25 \times 10^{15} \times W \times Y \times \left(1 - \left(\frac{1}{2}\right)^{\frac{t}{T}}\right)$$

A：運転時間（t）の直後に原子炉内に蓄積している核分裂生成物の放射能の強さ（単位はBq（ベクレル））、W：原子炉の熱出力（万 kW）、Y：核分裂収率（％）、T：核分裂生成物の半減期

　表2-1はこの式を用いて、電気出力 100万 kW（熱出力 320万 kW）の原子炉を半年〜2年運転した直後に、原子炉の中に蓄積している核分裂生成物の放射能の強さを求めたものです。[*4]

表2-1　電気出力 100万 kW（熱出力 320万 kW）の原子炉に蓄積する放射能

核　種	半減期（年）	核分裂収率(%)	放射能（千兆Bq）			
			半年運転	1年運転	1年半運転	2年運転
クリプトン85	10.739年	0.28	9.2	18.2	26.9	35.3
ストロンチウム89	50.563日	4.75	4535	4907	4937	4940
ストロンチウム90	28.79年	5.80	72.2	143	214	284
ジルコニウム95	64.032日	6.52	5840	6650	6763	6778
モリブデン99	65.976時間	6.14	6386	6386	6386	6386
ルテニウム103	39.247日	3.04	3036	3157	3161	3162
ルテニウム106	371.8日	0.402	121	206	267	311
テルル132	3.204日	4.31	4482	4482	4482	4482
ヨウ素131	8.0252日	2.89	3006	3006	3006	3006
キセノン133	5.2475日	6.72	6989	6989	6989	6989
セシウム137	30.08年	6.18	73.6	146	218	289
バリウム140	12.7527日	6.23	6479	6479	6479	6479
セリウム141	32.511日	5.86	5970	6092	6094	6094
セリウム144	284.91日	5.52	2058	3379	4226	4769

出典：日本アイソトープ協会、アイソトープ手帳 12版（2020）から作成

　半減期の10倍ほどの時間を運転すると、原子炉内の核分裂生成物の放射能の強さはほぼ飽和に達して、それ以上は増えなくなります。モリブデン 99、テルル 132、ヨウ素 131、キセノン 133、バリウム 140のような半減期が短いものは、運転時間が半年になった時点ですでに飽和して、それ以上長く運転を続けても放射能の強さは増えていません。一方、クリプトン 85、ストロンチウム

90、セシウム137のような半減期の長いものは、運転時間が長ければ長いほど放射能の強さが増していきます。

ところで、福島第一原発事故の後に、「原発に溜まった放射能は、広島原爆の〇〇倍」とか「事故で漏れ出した放射能は〇〇倍」といったことを一部の人がいっていました。しかし表2-1から明らかなように、核分裂反応が瞬時に終わる核兵器と長時間にわたって継続する原子炉（原発）では、核分裂生成物の組成はまったく異なります。ですから、両者で放射能の大きさを比較して「〇〇倍」といったことをいうのは間違っています[*5]。

(3) 原発事故に伴う放射性物質の放出

原子炉にはさまざまな放射性物質がたまっていますが、重大事故が起こった場合に環境に漏れ出しやすいか漏れ出しにくいかは、元素の性質によって異なります。そのカギを握るのが揮発性で、沸点が低いほど揮発性が高くて漏れ出しやすくなります（図2-4）。

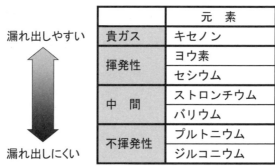

		元　素
漏れ出しやすい↑	貴ガス	キセノン
	揮発性	ヨウ素
		セシウム
	中　間	ストロンチウム
		バリウム
漏れ出しにくい	不揮発性	プルトニウム
		ジルコニウム

図 2-4　原発事故が起こった時の漏れ出しやすさの比較

運転中の原子炉には、クリプトン85やキセノン133のような放射性貴ガスが蓄積しています。沸点はクリプトンが-152.3℃、キセノンが-107.1℃ときわめて低く、原発で放射性物質の放出を伴う事故が発生すると、これらの放射性貴ガスはまっさきに漏れ出してきます。チェルノブイリ原発事故では、原子炉に蓄積した放射性貴ガスの全量が環境に放出されました。福島第一原発事故でも原子炉の全量が放出されたと推定されます。

貴ガスに次いで原発事故に漏れ出しやすいのは、ヨウ素（沸点184.3℃）、セシウム（同678.4℃）などの揮発性元素です。チェルノブイリ原発事故では、放射性ヨウ素は原子炉に蓄積した量の50％以上、放射性セシウムは30％以上が環境に放出されました。一方、福島第一原発事故では、放射性ヨウ素は原子炉内の2〜8％、放射性セシウムは1〜3％が放出されたと推定されます。福島第一原発事故による揮発性元素の放出量をチェルノブイリ原発事故と比較すると、ヨウ素131は10分の1、セシウム137は5分の1です。このような違いは、2つの原発事故で原子炉などがどの程度破壊されたのかの違いによります。

　プルトニウム（同3232℃）、ジルコニウム（同4377℃）は沸点がきわめて高いので、不揮発性元素です。また、ストロンチウム（同1384℃）、バリウム（同1640℃）は、揮発性と不揮発性の中間の元素です。

　チェルノブイリ原発事故では核反応が暴走して水素爆発と水蒸気爆発が起こり、圧力管と呼ばれる原子炉容器と原子炉建屋が粉々に破壊されて、黒鉛火災も10日間にわたって続きました。そのため、本来なら大気中に放出されにくいはずの不揮発性元素も、プルトニウムが原子炉の約2.0％、ジルコニウムは約3.4％が放出され、揮発性と不揮発性の中間の元素であるストロンチウムも約4.5％、バリウムは約4.0％が放出されたと推定されます。

　一方、福島第一原発事故により大気中に放出されたストロンチウム90はチェルノブイリ原発事故の70分の1、プルトニウムは数千分の1と推定されています。福島第一原発事故では1、3号機の原子炉建屋と2号機の圧力抑制プール付近で水素爆発が起こったものの、原子炉格納容器がこの爆発で粉々に吹き飛んだわけではないからです。[*6]

コラム 2-1
アルファ線、ベータ線、ガンマ線

　放射性物質の原子核は、陽子の数と中性子の数のバランスが悪いため、不安定な状態になっています。不安定な原子核は、余分なエネルギーを放射線として放出し、安定になろうとします。[*7]放射線は原子核の余分なエネルギーをもらっているので高速で飛び出してきて、電気を持った粒（アルファ線、ベータ線）と光の粒（ガンマ線）に分けるこ

とができます。そして、不安定な原子核が放射線を出す際に、何が出てくるかはあらかじめ決まっています（表2-2）。[*4]

　ここでは、アルファ線、ベータ線、ガンマ線についてご説明しましょう。[*3,8]

① アルファ線

　アルファ線は、ウランやラジウムなどの重い原子核が崩壊する時に出てくる放射線です。陽子2個と中性子2個のかたまりで、ヘリウム4の原子核そのものです。プラスの電気を帯びていて重いので、薄い紙も通過できず、空気中では2〜3cmほど、人の体の中ではその1000分の1ほどしか飛びません。そのためアルファ線は、体の外で飛んでいても紙1枚で止まるので、外部被曝は問題になりません。

　ところがアルファ線が体の中で出されると、せまい範囲に大きなダメージを与えてしまいます。アルファ線は重いのでまっすぐ突き進んでいき、止まる際に大きなエネルギーを周辺の物質に集中して与えるからです。そのため、アルファ線を出す放射性物質は体の中に入れないことが大事です。

② ベータ線

　ベータ線は、原子核から高速で飛び出してくる電子です。質量は小さいのですが、電荷を持っているので飛んでいく途中でまわりの物質の影響を受けて進路が曲げられて、ジグザグに進んでいきます。ベータ線が持っているエネルギーは、同じ種類の原子核から出てきても、それぞれで違っています。そのため、例えばカリウム40とセシウム137のベータ線が混じって飛んでいると、目の前を通り過ぎたベータ線がどちらから出たのかは区別できません。

　ベータ線が飛ぶ距離は、空気中で数十センチメートル（cm）から数メートル（m）くらいで、紙は透過できますが1cm厚のアルミニウム板は透過できません。したがって、体の外からベータ線が飛んできてもあまり心配はいりません。しかし体の中でも0.1〜1cmくらいは透過するので、皮膚や目（の水晶体）に影響が現れることがあります。

体の中に取り込んでしまうと、アルファ線ほどではありませんが細胞にダメージを与えますから、ベータ線を出す放射性物質も体の中に入れないことが大事です。

③ ガンマ線

ガンマ線は不安定な原子核から、余分なエネルギーをもらって飛び出してきた電磁波（光の粒子）です。[*9] ガンマ線は電気を持っていないので、原子に引き寄せられたり跳ね返されたりせず、物質の中を飛んでいてもなかなか止まりません。そのため空気中だと、エネルギーがなくなるまで何 km も直線的に飛んでいくものがあり、ガンマ線をさえぎる（遮蔽といいます）には鉛や厚いコンクリートが必要になります。

アルファ線とベータ線は体の外から飛んできても皮膚で止まってしまいますが、ガンマ線は皮膚を突き抜けて体の奥まで入ってきます。そのため、ガンマ線が多く飛んでいる環境では、それを遮蔽することが必要になります。一方、体の中で発生するガンマ線は体を突き抜けてしまうので、あまりダメージを与えません。

表 2-2　放射性物質が放出する放射線

放射性物質	半減期	放出する放射線	放射性物質	半減期	放出する放射線
水素3（トリチウム）	12.32年	ベータ線	ヨウ素131	8.0252日	ベータ線、ガンマ線
炭素14	5700年	ベータ線	キセノン133	5.2475日	ベータ線、ガンマ線
カリウム40	12億4800万年	ベータ線、ガンマ線	セシウム134	2.0652年	ベータ線、ガンマ線
クリプトン85	10.739年	ベータ線、ガンマ線	セシウム137	30.08年	ベータ線
ストロンチウム89	50.563日	ベータ線	バリウム140	12.7527日	ベータ線、ガンマ線
ストロンチウム90	28.79年	ベータ線	プルトニウム239	2万4110年	アルファ線、ガンマ線
ジルコニウム95	64.032日	ベータ線、ガンマ線			

出典：日本アイソトープ協会、アイソトープ手帳 12版（2020）から作成

参考文献と注

＊1　日本原子力研究所、JNDC Nuclear Data Library of Fission Products、JAERI 1287、88頁（1983）.

＊2　原子炉でできるセシウム 134 の量は運転時間が長いほど多くなるので、セシウム 134 とセシウム 137 の比で原発の運転時間が推定できます。

*3　野口邦和、放射能のはなし、新日本出版社（2011）．

*4　日本アイソトープ協会、アイソトープ手帳12版（2020）．

*5　岩井孝・児玉一八・舘野淳・野口邦和、福島第一原発事故10年の再検証、あ
　　けび書房（2021）．

*6　児玉一八・清水修二・野口邦和、放射線被曝の理科・社会、かもがわ出版
　　（2014）．

*7　放射線を出しても不安定な原子核もあり、そのような原子核はさらに放射線
　　を出します。それでもまだ安定にならなくて、放射線を延々と出し続けていって、
　　やっと安定になる原子核もあります。

*8　飯田博美・安斎育郎、放射線のやさしい知識、オーム社（1984）．

*9　原子核以外から飛び出してきた電磁波はエックス線と呼んで、ガンマ線と区別
　　しています。なお、最近の定義によると、電子と陽電子が対消滅した際に発生す
　　る消滅放射線も、原子核外が起源ですがガンマ線と呼んでいます。

第2節　測定器を使えば　　　　　　　　　　　　　　　どのくらいの放射線が飛んでいるか分かる

(1) 放射線と放射能で使う測定器は違っている

　放射線は私たちの五感（視覚、聴覚、触覚、味覚、嗅覚）では感じないので、
感知するには測定器が必要です。放射線測定は、放射線（量と質）の測定と、
放射能（放射性物質の種類と量）の測定に分けられ、使われている技術は両者で
かなり違います。そのため測定の目的に応じて、測定器を適切に選ぶ必要があ
ります（図2-5）。

　私たちのまわりの環境を飛んでいる放射線の量を表す単位は、「1時間あた
りのシーベルト（Sv/時）」です。Svは放射線の人への影響の大きさを示す数値
で、物に吸収された放射線のエネルギー（単位はグレイ（Gy））から換算されま
す（詳しくはコラム2-2をご参照ください）。

　体や食品、土などの中にある放射性物質の量を表す単位は、「ベクレル（Bq）」
または「1kgあたりのBq（Bq/kg）」です（放射性物質が1秒当たり1個崩壊する

のが1Bq）。体内の放射能を測定するヒューマンカウンタ（ホールボディカウンタ）、食品や土などの放射能を測定するゲルマニウム半導体検出器、シンチレーション・スペクトロメータがこれにあたります。

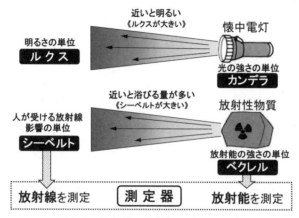

図2-5　放射線・放射能の違いと測定器

　放射線測定器のうち、持ち運びができる小型のものをサーベイメータといいます。環境の放射線量や放射性物質での汚染など、測定目的や放射線の量に応じて異なったものを使います（図2-6）。^{*1-3}

　シンチレーション・サーベイメータは、放射線があたると蛍光を発する物質を使っています。日本での平均的な自然放射線の量は1時間当たり0.1マイクロシーベルト（0.1μSv/時）前後ですが、シンチレーション・サーベイメータはこのレベルでの放射線量のわずかな変化も検出できます。そのため、福島第一原発事故の後にさまざまな場所での測定に使われました。ポケットサーベイメータは同じ方法で測定していますが、大きさが手に入るくらいのコンパクトなものです。

　GMサーベイメータは、電圧をかけた気体に放射線が当たると電流が生じることを利用しています。ガイガー・カウンタとも呼ばれ、原発事故で放射性物質が放出された際に、身体や環境が汚染されているかどうかを調べる測定器として重要なものです。環境の放射線を測定できるタイプ（多目的型）もありますが、シンチレーション・サーベイメータほど感度はよくないので、自然放射線レベルの放射線量の変化は測定できません。

外観	名 称	測定目的 放射線	測定できる範囲
	シンチレーション サーベイメータ	線量率	0 0.1 1 10 100 1000
		ガンマ線	μSv/h
	ポケット サーベイメータ	線量率	μSv/h
		ガンマ線	
	多用途型GM サーベイメータ	線量率 ガンマ線	μSv/h
		表面汚染	1 10 100 1000 1万 10万
		ベータ線	cps
	端窓型GM サーベイメータ	表面汚染	cps
		ベータ線	

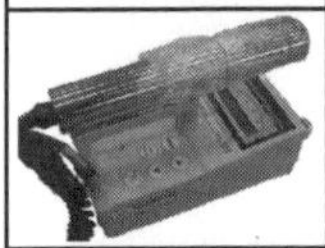

「μSv/h」は1時間当たりマイクロシーベルト、「cps」は1秒当たりのカウント数を示す
なお、1時間当たりの放射線量は、「線量率」という

図2-6　いろいろなサーベイメータと測定目的、測定範囲
出典：日立アロカ、サーベイメータ総合カタログを一部改変

(2) 放射線測定器の高さを変えて測れば、
　　原発からの放射性物質が分かる

　原発事故でもれ出した放射性物質は同心円状に均等に広がるわけではなく、風向・風速・降雨や降雪・地形に左右されて、原発の周辺や離れた場所にまだら模様に降り積もります。そのため、放射性物質が広い範囲の地表に降り積もったホットエリアや、水たまり・落ち葉・雨どいなど局部にたまったホットスポットができます。これらからの放射線被曝量を減らすためには、放射性物質がどこにたまっているのか知る必要があります。

　放射線測定器は、宇宙線や大地からの放射線の他に、降り積もった放射性物質による放射線を検出します。天然の放射性物質は地中に一様に分布しているので、そこから出てくる放射線は地面からの高さを変えて測定しても強度が変わりません。これに対して、原発事故で放出された放射性物質は、地表には広

く分布しますが地下にはあまり浸透していきません。そのため水平方向からの放射線が多くなり、測定器の地面からの高さを変えると強度が変化します。この違いを利用すれば、原発から飛んできた放射性物質があるかどうかを知ることができます（図2-7）。[*4]

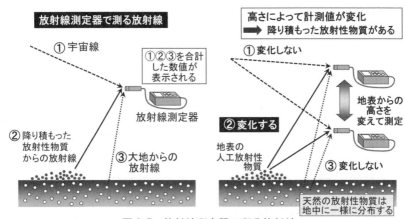

図2-7　放射線測定器で測る放射線
出典：岡野眞治、放射線とのつきあい、かまくら春秋社（2011）を一部改変

　ホットエリアがある場所で測定してみると、地表から1mでの測定値は、地表10cmの測定値よりも20％ほど下がります。ホットスポットではさらに、地表から30cmでの測定値は、地表3cmの測定値の10分の1以下に急激に下がります。このように放射線測定器の地面からの高さを変えて測定して、どこに放射性物質が局在しているかを把握できれば、そこの汚染を除去（除染）することで被曝量が減らせます。

コラム 2-2
同じ「空間線量率」でも、
測定器が違えば測る線量も違っている

　福島第一原発事故後に原子力規制委員会は「放射線モニタリング情報」というサイトで、全国と福島県の空間線量率の測定結果をリアル

タイムで公表しています。ここには「リアルタイム線量測定システム」、「可搬型モニタリングポスト」、「固定型モニタリングポスト」が載っていて、測定値はいずれも μSv/時で書かれていますから、つい「同じ単位が使われているから、これらの値の意味もみな同じではないか」と考えてしまいそうですが、実はそれぞれ違っています。

　まず最初に、放射線を浴びた量（被曝線量）についてご説明します。被曝線量は表2-3のように、意味が違ったさまざまなものがあります。[*6]

表2-3　さまざまな線量とその意味するもの

	単　位	定　義・意　味
吸収線量	グレイ(Gy)	人体などの被照射物質の単位質量当たりに吸収される放射線のエネルギー
等価線量	シーベルト(Sv)	同じ吸収線量であっても、放射線の種類やそのエネルギーの大きさの違いによって人体に与える影響の程度が異なることを考慮して、放射線防護の目的のために考案された人体の被曝線量を表す尺度。臓器・組織の等価線量＝臓器・組織の平均吸収線量×放射線荷重係数
実効線量	シーベルト(Sv)	全身被曝か局所被曝かといった被曝形式の違いや、被曝した臓器・組織の種類を考慮して、被曝が原因で生ずる発がんの程度を一律に評価する被曝線量として考案された尺度。臓器・組織ごとに「等価線量×組織荷重係数」を計算し、それをすべての臓器・臓器について足し算した値が実効線量になる
線量当量	シーベルト(Sv)	実効線量をからだの中で直接測定することはできないので、その代用として測定可能な量として示された尺度。放射線の場所に係る強さを測定する周辺線量当量と、個人の被曝モニタリングに使用する個人線量当量がある。1cm線量当量は国際放射線単位・測定委員会(ICRU)が定めた人体と同じ元素組成および同じ密度をもつ人体模型の、深さ1cmの箇所での吸収線量に、水中での線エネルギー付与（放射線が物質に入射した時に物質の単位長あたりに与えられるエネルギー）から求められる線質係数をかけ算した値

出典：野口邦和、放射能のはなし、新日本出版社（2011）から作成

　被曝線量として最初に考案されたのは「吸収線量」（単位はグレイ、Gy）です。ところが同じ 1 Gyを被曝しても、その放射線がアルファ線なのか、それともベータ線やガンマ線なのかによって、受けるダメージは全く違います。したがって、人体に対する放射線の影響を評価する尺度として、吸収線量はあまり正確でありません。

　そこで、次に考案されたのが「等価線量」（単位はシーベルト、Sv）で、放射線の種類やエネルギーの大きさの違いによって、人体に与える影響の程度が違うことにも対応できるようになりました。ところが、全身被曝なのか局所被曝なのか、あるいはどの臓器や組織が被曝したのかによっても、被曝の影響の程度は違ってしまいます。

　このことに対応するために考案されたのが「実効線量」（単位はこれもSvです）で、これによって被曝が原因で生ずる発がんの影響を一律

に評価できます。これで一件落着かというとそうではなく、人の体の中で実際に実効線量を測定することはできないので、実用的でありません。

そこで、実効線量の代用として使われるのが「線量当量」（単位はまたまたSvです）で、サーベイメータは1cm線量当量を表示するように設計されています。人体の臓器・組織（皮膚、眼の水晶体は除く）は1cmより深いところに存在していますから、表面から1cmの深さの線量当量のほうが、実効線量や各臓器・組織の等価線量よりも大きな値になります。つまり線量当量は安全側に、被曝線量を大きく表示するように計算されているということですね。なお線量当量には、放射線の場所に係る強さを測定する「周辺線量当量」と、個人の被曝モニタリングに使用する「個人線量当量」の2つがあります。

それでは、さきほどの3つの空間線量率の測定値は、いったい何を測ったのでしょうか。その答は、「リアルタイム線量測定システム」は周辺線量当量率（単位はμSv/時）、「可搬型モニタリングポスト」と「固定型モニタリングポスト」は吸収線量率（単位はμGy/時）です。なお、「率」は1時間当たりの量を示しています（実際は、モニタリングポストの測定値も1Gy＝1Svと換算されて、μSv/時で表示されています）。

このように空間線量率の測定値として発表されているものでも、意味がまったく異なっているものが混在しているわけです（ややこしいですね）。そして、ここが肝腎なところなのですが、空間線量＝実効線量ではないのです。

表2-4は、セシウム137のガンマ線が1ミリレントゲン毎時（1mR/時）のエネルギーで照射された時の、モニタリングポストとサーベイメータの指示値を示しています。[*7, 8]

セシウム137のガンマ線を1mR/時のエネルギーで照射すると、吸収線量率は8.76μGy/時になります。モニタリングポストが測定しているのは、8.76μGy/時という吸収線量率です。ところがモニタリングポストの測定値は、8.76μSv/時という別の単位で表示されているところもあります。なぜでしょう。

その理由が原子力規制委員会のホームページに書かれていて、「モニタリングポストはμGy/時で測定されていますが、本ウェブサイト上では、1μGy/時＝1μSv/時と換算して表示しています」となっています。この換算式を用いて、8.76μGy/時は8.76μSv/時と表示されているわけです。

表2-4　放射線測定器は何を測っているのか

測定器	測定する線量	指示値(1mR/時)	指示値からの実効線量の推定		実効線量の推定値
モニタリングポスト	空気吸収線量 (Gy/時)*	8.76μGy/時*	①**	緊急時モニタリングでは1Gy＝1Svとする	8.76μSv/時
				実効線量の推定値を求める場合0.8を乗ずる	7.01μSv/時
			②**	実効線量の推定値を求める場合0.7を乗ずる	6.13μSv/時
サーベイメータ	周辺線量当量 (Sv/時)*	10.5μSv/時* (セシウム137の場合)	実効線量の推定値を求める場合0.6を乗ずる***		6.30μSv/時

＊：Gy はグレイ、Sv はシーベルト。μは 10 万分の 1 を表す
＊＊：①は日本の原子力委員会、②は ICRP および UNSCEAR
＊＊＊：ICPR 報告でセシウム 137 の γ 線照射が四方と上方からある場合（ISO 照射）、実効線量は周辺線量当量の 0.57 ～ 0.58 倍としていることによる
出典：松原昌平ら、わかりやすい放射線測定、日本規格協会（2013）、
　　　中西準子、原発事故と放射線のリスク学、日本評論社（2014）から作成

　このような換算を行う根拠になっているのは、2008年3月に原子力委員会が発行した『環境放射線モニタリング指針』で、ここにはGyとSvの関係について、「1，緊急時における第1段階のモニタリング段階では 1 Sv＝ 1 Gyとする」と書かれています。その次には「2，実効線量（単位 mSv）の推定値を求める場合には、空気カーマ（mGy）に0.8を乗ずる」と書かれていて、「一般環境で問題となるようなガンマ線のエネルギー範囲では、空気吸収線量は空気カーマとほぼ等しい」とつけ加えられています（空気カーマの説明は、煩雑になるし特に必要がないので省略します）。
　福島第一原発事故から10年以上が経過して、すでに「緊急時」ではなくなっていますから、換算計数は「0.8」を用いる必要があります。ちなみに0.8を用いると、8.76μGy/時は7.01μSv/時になります。なお、ICRPと国連科学委員会（UNSCEAR）は換算計数を0.7としており、これだと8.76μGy/時は6.13μSv/時になります。

セシウム137のガンマ線が1mR/時で照射された場合、サーベイ
メータは10.5μSv/時を表示します。先ほど線量当量は安全側に、被
曝線量を大きく表示するように計算されているとお話ししましたが、
モニタリングポストの換算値7.01μSv/時（換算計数0.8の場合）に比
べて、サーベイメータの指示値が5割程度高く表示されるわけです。
　なおICPR報告には、セシウム137のガンマ線照射が四方と上方か
らある場合（ISO照射）、実効線量は周辺線量当量の0.57～0.58倍と書
かれています。これをふまえてサーベイメータの指示値10.5μSv/
時から換算計数0.6（0.57～0.58を丸めた）を用いて実効線量を計算す
ると、6.30μSv/時となります。この実効線量の値と比較すると、吸
収線量率の8.76μSv/時は1.4倍、周辺線量当量率の10.5μSv/時は
1.7倍になります。
　このように、「放射線モニタリング情報」で公表されている吸収線
量率（可搬型モニタリングポスト、固定型モニタリングポスト）と周辺線
量当量率（リアルタイム線量測定システム）は、実効線量に比べてこの
くらい高く表示されています。

参考文献

＊1　安斎育郎、図解雑学　放射線と放射能、ナツメ社（2007）.

＊2　日本原子力産業会議、解説と対策　放射線取扱技術（1998）.

＊3　日立アロカ、サーベイメータ総合カタログ.

＊4　岡野眞治、放射線とのつきあい、かまくら春秋社（2011）.

＊5　原子力規制委員会、放射線モニタリング情報.
https://radioactivity.nsr.go.jp/ja/list/512/list-1.html、2022年9月21日閲覧.

＊6　野口邦和、放射能のはなし、新日本出版社（2011）.

＊7　中西準子、原発事故と放射線のリスク学、日本評論社（2014）.

＊8　松原昌平・福田光道・渡邉道彦・田中　守、わかりやすい放射線測定、日本規
格協会（2013）.

第3節　原発事故による
放射性物質からの被曝量をどのように減らすか？

⑴ 放射能雲（プリューム）からの放射線をさえぎる

　原発で放射性物質が漏れ出すような重大事故が起こると、まっさきに出てくるのはクリプトン85やキセノン133のような放射性貴ガスです。特に問題となるのはキセノン133で、ベータ線とガンマ線を放出します。ベータ線は空気中で長い距離を飛べませんから問題ありませんが、ガンマ線は遠くまで到達します。問題となるのは放射能雲（プリューム）が上空を通過する際に放出される放射線を、体の外から浴びること（外部被曝）です。[*1-3]

　キセノンやクリプトンはまわりの物質と反応することがなく、いち早く環境中に放出されてくるため、特に事故初期には注意が必要です。キセノン133の半減期は5.2475日、クリプトン85は10.739年なので、キセノン133は比較的早くなくなっていきます。クリプトン85は四方八方に薄められて、大気圏に拡散されていく間にだんだん減っていきます。

　原発で重大事故が起こって放射性物質が放出されたという情報を知ったら、原発の周辺に住んでいる人は建物の中に逃げ込みましょう。とりわけ原発から風下にいる人は放射性雲がやってくる可能性が高いので、急いで建物に入る必要があります。できればコンクリート製の建物に入るのが望ましいのですが、木造家屋でも屋内に入れば、被曝量を大幅に減らすことができます。

　建物に入ったら、窓を閉めたり換気口をふさいだりして密閉性を高め、放射性貴ガスが屋内に侵入するのを防ぎましょう。放射性貴ガスを吸い込んでしまうと、肺がベータ線で被曝する恐れがあります。まずドアや窓を閉め、外界に通じる穴があれば新聞紙などを丸めて詰め込むなど、簡単な方法で穴をふせぎます。きちんと目張りをしようとして時間をかけるよりも、まずは大まかに穴をふさいでおいて、余裕があったらその後に目張りするようにしましょう。

　放射能雲から出たガンマ線は、ガラス窓を透過して建物の中に入ってきます。建物の中で、なるべく窓から離れたところにいるようにしましょう。厚い壁や太い柱もガンマ線をさえぎってくれます。もし手元に放射線測定器があっ

たら、放射線量ができるだけ低い部屋などを選んで滞在すれば、被曝量をさらに減らすことができます。

　原発事故で放射性物質が環境に漏れ出してから時間がたってくると、放射性セシウムや放射性ヨウ素などの揮発性元素も漏れ出してきます。こうした放射性物質が含まれた放射能雲から身を守る方法も、放射性貴ガスに対するのと基本的に同じで、建物に逃げ込むことと建物の密閉性を高めることです。ただ、これらの元素はまわりの物質と化学反応を起こす性質があるので、体に入っても短時間で出ていく貴ガスとは違って、体内に取り込まれたまま長時間そこに残る危険があります。したがって、内部被曝を防ぐことも重要になります。

⑵ 放射線防護の３原則（遮蔽・距離・時間）と除染で被曝量を減らす

　体の外から放射線を浴びる量を減らすためには、「遮蔽・距離・時間」という放射線防護の３原則に従って行動することが大切です[*1,3,4]。放射能雲から身を守る時も「遮蔽・距離・時間」がカギになります。

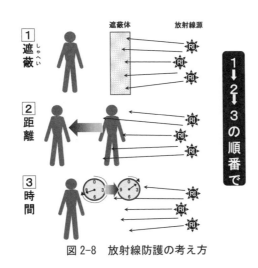

図 2-8　放射線防護の考え方

① 飛んでくる放射線を遮蔽体で食い止める（遮蔽）

　ヒトと放射線源の間に遮蔽体を置いて、飛んでくる放射線をさえぎります。原発事故で放射性物質が環境に漏れ出したら、建物の外からガンマ線が飛び込

んでくる危険があります。ガラス窓のように周辺から放射線が入ってくる可能性がある場所では、大きなペットボトルに水を入れて置いたり、砂を入れた袋を積んだりすれば、放射線をさえぎって被曝量を減らせます。学校、保育所、自宅などで窓際に本棚があれば、外から飛んでくる放射線を防ぐことができます。

② 放射線源から遠ざかる（距離）

遮蔽しても放射線があまり減らない場合は、放射線を出しているところからできるだけ距離をとりましょう。部屋の中では、窓際よりも中心部のほうが放射線レベルは低くなります。放射線測定器を使えるのならば、家の中でどこが放射線レベルのもっとも低い場所なのかを調べてみましょう。その場所で過ごすようにすれば、放射線を浴びる量が減らせます。

③ 放射線を浴びる時間をできるだけ短く（時間）

遮蔽と距離の対策を行った上で、さらに放射線被曝を減らすために、放射線を浴びる環境にいる時間をできるだけ短くしましょう。また、身のまわりで放射線レベルの低い場所にいる時間を、できるだけ長くすることが大切です。

④ 重要性の順序は「遮蔽＞距離＞時間」

放射線防護の３原則の重要性の順序は、①遮蔽、②距離、③時間です。遮蔽してその場所に到達する放射線の量を減らすのが最も重要で、次に距離による放射線の減弱効果を期待し、最後にどうしてもその場にいなければならない場合には、被曝時間を短縮するのが原則です。滞在する場所に飛んでくる放射線をさえぎる手立ては何もしないで、滞在時間の短縮だけで被曝を減らすというのでは本末転倒になってしまいます。

なお、原発事故で周辺に放射性物質が降り積もった場所にいる場合、遮蔽対策を十分に行って家屋の中に留まるか、それとも放射線量のより少ない場所に避難するかの判断は、後ほどお話しするリスクトレードオフを十分に考慮して判断する必要があります。

⑤ きちんと除染すれば放射線量は下げられる

　除染は、放射性物質が付着した土を削り取ったり、木の葉や落ち葉を取り除いたりして遠くに持って行ったり、建物の表面を洗浄したりすることです（図2-9）。除染で放射性物質がなくなるわけではありませんが、生活空間から遠ざけることで放射線量を下げられます。部屋のゴミを掃除してもゴミが消えてなくなるわけではありませんから、除染も同じことだといえるでしょう。

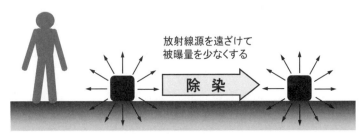

放射線源を遠ざけて
被曝量を少なくする

除　染

図 2-9　除染は放射性物質を取り除いて遠ざける

　放射性物質が付着した学校のグラウンドなどの土を削って、穴を掘って深く埋めることも除染になります。放射性物質を土やコンクリートでさえぎれば、飛んでくる放射線をさえぎることができるからです。図2-10は、除染による効果を示したものです。放射性物質が崩壊することによって、除染する前は上の曲線で放射能は減っていきます。一方、除染で放射性物質を取り除けば、それ以後は下の曲線で放射能が減っていきます。除染によって、2つの曲線ではさまれた部分の被曝量を減らすことができるわけです。除染する時期が早ければ早いほど、2つの曲線ではさまれた面積は大きくなりますから、除染の効果は大きくなります。^{*6}

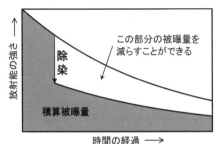

放射能の強さ →

この部分の被曝量を
減らすことができる

除
染

積算被曝量

時間の経過 →

図 2-10　除染すれば被曝量が少なくなる

出典：野口邦和、住民の被ばく線量・健康影響調査と除染問題について（2012）

⑶内部被曝を防ぐには
「放射性物質をできるだけ体に入れない」が大事

　放射性物質が体の中に入ってきて、体の中で放射線を放出する場合には、「外部被曝防護の３原則」（遮蔽・距離・時間）がすべて成り立たなくなります。そのため内部被曝を防ぐには、①放射性物質をできるだけ体に取り込まないようにすること、②体の中に取り込んだ放射性物質はできるだけ早く排出すること、の２つの方法しかありません。ところが②は、できることが限定されるだけでなく専門家の管理下で行わなければなりませんから、あまり現実的ではありません。そのため、①を十分に行うことが重要になります。

　なお、①の例外は医療機関で行う核医学的診断で、意図的に放射性医薬品を患者に投与して、その医薬品が出す放射線がもたらす情報で診断します。この場合は内部被曝するのを覚悟の上で、そのリスクを超える医療上のメリットを期待しているわけです。

　さて、内部被曝を防ぐために放射性物質できるだけ体に取り込まないようにする方法には、どのようなものがあるでしょうか。体の外にある放射性物質が体内に入っていく経路には、(a) 呼吸により気道をへて肺に取り込む（経気道摂取）、(b) 水や食物を口から取り込む（経口摂取）、(c) 皮膚（特に傷があるところ）や粘膜などを通じて取り込む（経皮吸収）の３つがあります。(a) は建物に入って窓などから外の放射性物質が入らないようにして、状況によっては防護マスクをすることによって、(c) は放射性物質が溶けたり付着したりした雨やチリ、土などで、頭髪や皮膚、服などが汚染しないようにすることで防ぐことができます。

　(b) を防ぐ方法を考える上で、福島第一原発事故後に行われた対策がとても参考になります。福島県では、放射性物質の農産物への吸収を防ぐ対策と、徹底した食品検査によって、内部被曝をきわめて低いレベルに抑えることができました。

　福島第一原発事故で環境に放出した放射性物質が、食べ物に取り込まれてしまうことに多くの人々が不安を持ち、とりわけ主食のコメに強い関心が寄せられました。水田が放射性セシウムで汚染されていることが分かってから、イネのセシウム吸収を抑える対策が行われました。ゼオライトやプルシアンブルー

を土に加えたり、セシウムと化学的な動きがよく似たカリウムを散布したりといったことが代表的です。田んぼでの吸収実験から、散布したカリウムの量が十分であれば、放射性セシウムの吸収量が少ないことが明らかになりました。

さらに、籾殻を取り除いた玄米を精米し、水で研いだ後にご飯を炊くと、放射能の濃度がどのように変化するかも調べられました。その結果、玄米の放射性セシウム濃度は、精米すると約半分に、研いで洗うとさらに半分になることが分かりました。炊きあげてご飯にする際には、コメが水を吸って膨張して重量も増えるので、さらに放射能濃度は下がります。玄米と比較すると、口に入るときの濃度はおよそ10分の1以下になりました。

福島県産のコメは放射線検出器を使って、30kg単位で詰められた袋のすべての検査が行われました。抜き取りではなく全袋の検査ですから、消費者にすれば非常に安心できる対応です。

この検査を、全量全袋検査といいます。最初に200台以上の検出器で、基準値を確実に下まわる玄米とそうでない玄米をふるい分ける「スクリーニング検査」が行われて、JA（農業協同組合）や集荷業者などの協力のもと、何千人もの検査員と作業員が参加しました。この検査でスクリーニングレベルを超えた玄米は、福島県環境保全課のゲルマニウム半導体検出器で、基準値を超えるか否かを判断する「詳細検査」が行われました。

2012年度は約1034万袋が検査され、71袋が基準値を超えたので出荷制限措置がとられました。基準値を超える袋はだんだん減っていき、2015年度以降はすべてが基準値以下になりました。

福島県ではコメ以外の農産物なども検査が行われていて、超過したのは天然のキノコなどのごく一部の品目だけでした。基準値を超えた品目は産地ごとに出荷制限や自粛が行われるため、流通することはありません。水産物は福島県と近隣県の主な港で、週に1回程度のサンプリング検査が行われました。海産では表層魚や底層魚、イカ、タコなどで当初、高い値が見られましたが、2015年以降は基準値超過がほとんどなくなっています。

このような食の安全を守る活動によって、内部被曝量は年1mSvよりはるかに低いレベルにおさまりました（天然の放射性物質による日本人の外部被曝と内部被曝の合計は、1年で平均して2.10mSv）。福島県の生活協同組合が行って2018年3月に発表された陰膳調査の結果によると、体内にもともと存在している天然

放射性物質のカリウム40が検出されるだけで、放射性セシウムは1人も検出されませんでした。このように、福島県での内部被曝のリスクは無視してもよい低いレベルに抑えることに成功し、流通している食品の心配もまったく必要ない状況となりました。

　内部被曝を防ぐ方法の一つに、ヨウ素剤（安定ヨウ素剤）の服用があります。私たちの"のどぼとけ"のあたりには甲状腺という小さな臓器があって、ヨウ素を含むホルモン（甲状腺ホルモン）を合成しています。そのために、体の中に取り込まれたヨウ素は甲状腺に運ばれるのですが、原発事故で放出された放射性ヨウ素（ヨウ素131）が体の中に入ってしまうと、私たちの体はヨウ素が安定か放射性かは区別できませんから、ヨウ素131も甲状腺に取り込んでしまいます。そうするとそこで放射線を出して、甲状腺を内部被曝させてしまいます。

　原発で事故が起こったら、放射性ヨウ素を取り込んでしまう前にヨウ素剤を服用しておけば、甲状腺は安定なヨウ素で満たされます。そうすれば後から放射性ヨウ素がやってきても、甲状腺はすでに安定ヨウ素で満たされているので放射性ヨウ素は甲状腺に入ることができず、内部被曝を防止することができます。したがって、原発事故が起こったら、子どもたちはできるだけ早くヨウ素剤を服用するのが大事です。なお大人については、バセドウ病などで放射性ヨウ素を投与する治療を行っても甲状腺がんのリスクは上がらないことが知られていますので、どういった年齢までヨウ素剤の服用が必要かについて検討が必要かもしれません。[*10]

参考文献と注

* 1　安斎育郎、放射能から身を守る本、中経出版（2012）.
* 2　安斎育郎、福島原発事故、かもがわ出版（2011）.
* 3　児玉一八、図解　身近にあふれる「放射線」が3時間で分かる本、明日香出版社（2020）.
* 4　安斎育郎、図解雑学　放射線と放射能、ナツメ社（2007）.
* 5　児玉一八・清水修二・野口邦和、放射線被曝の理科・社会、かもがわ出版（2014）.
* 6　野口邦和、住民の被ばく線量・健康影響調査と除染問題について、第33回原

子力発電問題全国シンポジウム（2012）.

* 7　飲み込んで消化管に入った放射性物質を排出させるには胃洗浄や緩下剤投与を、放射性物質を吸引して肺が汚染された場合には肺洗浄を、体内の特定の部位に沈着した放射性物質を追い出すためにキレート剤などの投与を、腎臓からの排泄を促すために利尿剤を用いたりしますが、いずれも専門家の管理下で行われる必要があります。

* 8　中西友子、土壌汚染、NHK出版（2013）.

* 9　調査対象の家族に、自分たちが食べる食事と同じものを1食分余分に作ってもらい、その食事を1〜3日分ほどまとめて放射性物質の分析を行って、当該家族1人が平均して1日にどのくらいの放射性物質を摂取しているかを調べる方法を陰膳調査といいます。

*10　Holm, L. E., *et al*, Malignant thyroid tumors after iodine-131 therapy: a retrospective cohort study. *N. Engl. J. Med.*, Vol.303, pp.188-191（1980）.

第3章
放射線をどれくらい浴びると
影響が出てくるのか

　放射線は色もにおいもなく、私たちの五感（視覚、聴覚、触覚、味覚、嗅覚）には感じないので、これまで身のまわりになかったのに原発事故で突然降ってきた、と思っている方もいらっしゃるかもしれません。ところが実際は、放射線は宇宙や大地からいつも飛んできていますし、食物や私たちの体からも飛び出してきます。ですから、私たちは放射線に囲まれて暮らしている、といってもいいでしょう。

　放射線を大量に浴びると、私たち生物は死んでしまいます。一方、ふつうに暮らしていて宇宙や大地、食べ物から出てくるくらいの量の放射線は、心配する必要はありません。要するに「量が大事」ということですね。この章では、放射線をどれくらい浴びるとどんな影響が出てくるのか、放射線はほんの少し浴びただけでも「がん」になってしまうのか、などについてご説明しましょう。

第1節　放射線影響は「浴びたか・浴びなかったか」ではなく、「どのくらい浴びたか」で違ってくる

⑴ 放射線を浴びた量と障害の現れ方

　私たち生物が放射線を浴びる（放射線被曝）と障害が起こることがありますが、それは放射線を「浴びたか・浴びないか」ではなく、「どれくらい浴びたのか」によって違ってきます。もちろん放射線を大量に浴びれば、生物は死んでしまいます。ヒトの場合、6シーベルト（Sv。6 Sv＝6000ミリシーベルト

（mSv））で99％以上が亡くなり、3Svで半数が亡くなります[*1]（図3-1）。

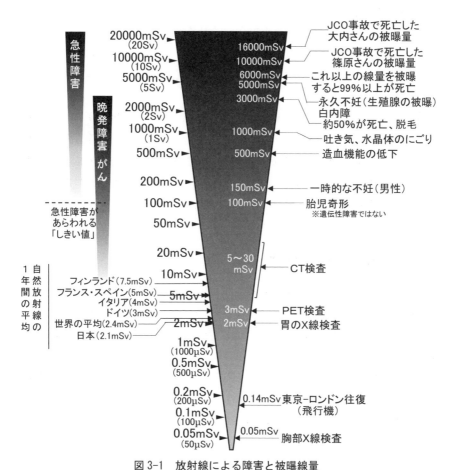

図 3-1　放射線による障害と被曝線量

出典：野口邦和、原発・放射能図解データ、大月書店（2011）の図を一部改変

　放射線を浴びたことが原因となる死は、浴びた線量によって死に至る原因が異なります。数Sv以上を被曝すると骨髄が破壊され、血液が作れなくなって死に至ります（骨髄死）。5〜15Sv以上では腸の細胞が再生できなくなって体液が失われ、腸内細菌の感染も起こって死に至ります（腸死）。50Sv以上になると中枢神経（脳と脊髄）に深刻な障害が起こって短期間で死亡します（中枢神経死）。腸死や中枢神経死を起こす線量を浴びてしまうと、どんな治療をし

ても救命することはできません。

　一方、3000mSv（3Sv）以上の被曝では脱毛、1000mSv以上で吐き気、150mSv以上で男性の一時的な不妊が起こります。このような障害は放射線被曝から数週間以内に起こるので、急性障害といいます。放射線被曝によって起こる障害にはがんや白内障もありますが、これらは数年以上たって現れるので晩発障害といいます。

　放射線障害が起こる引き金になるのは、体を作っている細胞が放射線で傷つくことです。傷ついた細胞はその後、①傷を治して元通りに回復する、②傷がひどくて治せず、細胞が死んでしまう、③傷を治す際に間違ってしまい、突然変異を起こす、のいずれかの道をたどります。このうち②と③が放射線障害の原因になります。[*2]

⑵ 確定的影響と確率的影響

　組織や臓器が一定量以上の放射線を浴びると、たくさんの細胞が傷を治しきれずに死んでしまい、機能が低下したり失われたりします。脱毛や吐き気、不妊などの症状や生物の死はこのような障害で、確定的影響といいます（図3-2中）。

　一方、放射線被曝による突然変異が原因となって起こる障害は、確率的影響といいます。確率的影響はさらに、精子や卵を作る生殖細胞に起こって次世代に伝わる遺伝的影響と、生殖細胞以外の体の細胞（体細胞）に突然変異が起こって被曝した本人ががんになる発がん影響の、2つに分けられます（図3-2下）。

　確定的影響については、浴びた放射線量が少ない時は被曝によって少数の細胞が死んでも、残りの多くの細胞がその分も働いて補ってくれるため、障害は発生しません。ところが被曝線量がさらに多くなると、もっと多くの細胞が死んでしまうので生き残った細胞では機能が補えなくなり、放射線障害が起こるようになります。

　このように確定的影響は、被曝線量が低いところでは現れず、しきい線量（被曝した人の1％に障害が現れる線量）を超えると出始めて、一定の線量以上では確実に障害が発生するというのが特徴です（図3-3左）。しきい線量は被曝し

た組織によって異なっており、しきい線量のうちもっとも低いものは胎児で奇形が起こる100mSvです。[*3]

　確定的影響は、浴びた線量が多いほど症状が重くなります。例えば放射線が皮膚に当たった場合、3000mSvの被曝では発赤・紅斑が起こりますが、被曝量が5000mSvを超えると放射線火傷（やけど）になります。

　確率的影響の現れ方は、確定的影響とはまったく異なっています。突然変異を起こした細胞が増殖して起こるがんや遺伝的影響は、たとえ異常が1個の細胞だけで起こったとしても、放射線障害に至る場合があります。ところが、たくさんの細胞に突然変異が起こっても、障害が起こらない場合もあります。すなわち、障害がでるかでないかは確率的、つまり"運しだい"ということです（図3-3右）。確率的影響は被曝線量が多くなると症状が重くなるのではなく、この点でも確定的影響とはまったく異なります。[*2,3]

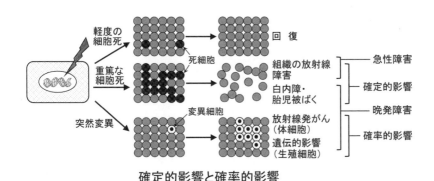

確定的影響と確率的影響

図3-2　放射線被曝によってどのように障害が起こるか
出典：小松賢志、現代人のための放射線生物学、京都大学学術出版会（2017）

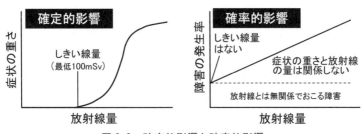

図3-3　確定的影響と確率的影響

参考文献

＊1　野口邦和、原発・放射能図解データ、大月書店（2011）.

＊2　小松賢志、現代人のための放射線生物学、京都大学学術出版会（2017）.

＊3　野口邦和、放射能のはなし、新日本出版社（2011）.

第2節　ふつうに暮らしていて、
　　　　どのくらいの放射線を浴びているか

⑴ 宇宙や大地、食べ物などから飛んでくる放射線

　放射線には、天然の放射線源（宇宙や大地、食べ物など）から飛んでくる放射線と、人工の放射線源（原発事故で放出された放射性物質、医療で使う放射性物質や放射線など）から飛んでくる放射線があります。ふつうに暮らしていて浴びる放射線のうち、自然然放射線についてご説明しましょう。

　自然放射線の起源は、宇宙線・大地や建物の中の放射性物質・食べ物や水に含まれる放射性物質・大気中の放射性物質の4つがあります。

① 宇宙線

　宇宙線（宇宙「船」ではありません）は、宇宙から降り注いでくる放射線です。その起源は、太陽系の外からくる、超新星の大爆発によって飛び散った陽子や重い原子核（銀河宇宙線）、太陽から飛んでくる陽子などの電気を持った粒子の流れ（太陽放射線。太陽表面で爆発が起こると放射線量が増える）、地球の磁場につかまって地球のまわりを飛び回っている電気を帯びた粒子（バン・アレン帯の放射線）の3種類です。さらに、宇宙線が大気中の原子にぶつかると、大量の放射性物質が生まれます。その中で最も多いのが、大気の約8割を占める窒素に衝突してできる、炭素14です。また、宇宙線が大気中の窒素原子や酸素原子にぶつかってこれらを粉々にすると、水素3（トリチウム）ができます。

② 大地放射線

　大地放射線は、大地や建物から出ている放射線です。その源は、地球の内部

に分布しているウラン、トリウム、カリウム40などの放射性物質です。これらはアルファ線、ベータ線、ガンマ線を出しますが、私たちの体に届くのはガンマ線だけです。そのガンマ線が大地放射線で、私たちが浴びているのは深さ30cmくらいまでの土から出てくるガンマ線です。ウランやトリウム、カリウム40は建物などの材料にも含まれているため、ビルの壁や舗装された道路などからもガンマ線が出ています。花崗岩はこれらの放射性物質の含有量が多いので、外壁や敷石に花崗岩が使われているところは放射線量が多くなります。

③ 食べ物、水からの放射線

　食べ物には、カリウム40などの天然の放射性物質が含まれています。カリウムは生きていくのに必要な元素（必須元素）で、ヒトの体重の約0.2%を占めています。さらに、カリウムの中の0.0117%がカリウム40で、体重が60キログラム（kg）の人だとその放射能が4000ベクレル（Bq）ほど体に含まれています。体の中にはほかにも、炭素14が約2500Bq、ルビジウム87が約500Bq、ポロニウム210が約20Bq存在します。このうちポロニウム210はアルファ線を出すので体への影響が大きく、日本人は1年にこれから0.8ミリシーベルト（mSv）ほど被曝しています。また、私たちが飲んでいる水には天然起源のトリチウムも含まれていて、体内に取り込んだトリチウムで1年に0.000008mSvほど被曝します。

④ 大気からの放射線

　空気中には、ラドンという天然の放射性ガスがただよっています。ラドンは岩や土の中に微量に存在するラジウムから作られて、空気中に染み出してくるものです。ラドンによる被曝量は、世界平均は1年で1.26mSvですが、日本は0.48mSvとその半分以下です。その原因は、ラドンが岩や土から染み出す量が場所によってかなり異なることです。染み出したラドンは風通しがいい場所では空気で薄まるため、日本の家屋は風通しがいいのでその濃度はあまり高くなりません。ところが密閉性がいい家屋の中では、ラドンがかなり高い濃度になります。

　雨が降ると空気中の放射線量が急に増え、降りやむと短時間でもとの放射線量に戻っていきます。空気中をただようラドンからできた鉛214とビスマス

214という放射性物質が、雨といっしょに地面の近くに落ちてきて、これらが出すガンマ線で放射線量が高くなるからです。

　気体のラドンは雨に溶けにくいのですが、鉛214とビスマス214は固体なので、空気中のチリなどに取り込まれてただよっています。雨が降ると、チリやホコリに吸着した鉛214とビスマス214が雨といっしょに地上へと降り注いできます。鉛214の半減期は26.8分、ビスマス214も19.9分と短いので、上空からの供給がとまれば、すみやかに崩壊してなくなっていきます。そのため、雨がやむと短時間で放射線量は下がります。こうした現象は雨が降るたびに、大昔からくり返されてきました。

　私たちが浴びている放射線の量は、①〜④を合計したものです。日本では平均して１年間で、①宇宙線を0.30mSv、②大地放射線を0.33mSv、③食べ物から経口摂取で0.99mSv、④大気から吸入摂取で0.48mSvの放射線を浴びていて、合計すると2.10mSvになります。

⑵ 住んでいるところでの自然放射線量の比較

　図 3-4 は世界（平均）、日本、イギリス、アメリカの自然放射線の量を比較したものです[*1]。宇宙線の量は場所によってそれほど違いませんが、大地放射線と経口摂取、吸入摂取による被曝量はかなり違います。地域によって岩石の種類が違う（大地放射線）、食べ物が違う（経口摂取）、住んでいる住宅の密閉性が違う（吸入摂取）、といった違いがあるからです。

　図 3-5 は、いろいろな国での自然放射線量（①〜④を合計した１年間の被曝量）を比較したものです。国によってずいぶん違っていますが、この違いの大部分は、放射性ガスであるラドンの量の違いによります[*2]。日本と比べると、フランスやスペインの自然放射線量は約 2.5 倍、スウェーデンは約３倍、フィンランドは約４倍です（これらの数字にチェルノブイリ原発事故で放出された放射性物質による被曝量は含まれていません）。地球上で住んでいるところが違えば、自然放射線による被曝量はこのくらいの違いがあるということですね。したがって、この範囲に収まるくらいであれば気にしなくてもよい、といえるでしょう。

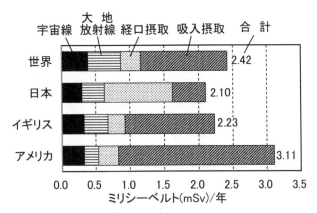

宇宙線　大地放射線　経口摂取　吸入摂取　合計

世界　2.42
日本　2.10
イギリス　2.23
アメリカ　3.11

0.0　0.5　1.0　1.5　2.0　2.5　3.0　3.5
ミリシーベルト(mSv)/年

図 3-4　自然放射線による 1 人当たりの平均被曝線量
出典：市川龍資, *RADIOISOTOPES*, Vol.62, pp.927-938（2013）

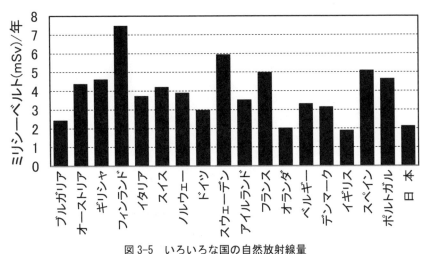

ミリシーベルト(mSv)/年

ブルガリア　オーストリア　ギリシャ　フィンランド　イタリア　スイス　ノルウェー　ドイツ　スウェーデン　アイルランド　フランス　オランダ　ベルギー　デンマーク　イギリス　スペイン　ポルトガル　日本

図 3-5　いろいろな国の自然放射線量
出典：http://twitpic.com/anmb9q の図を一部改変

　大地放射線による被曝量は世界平均で 1 年に0.39mSvですが、地球上にはその20倍以上になる地域もあります（イランのラムサールは10.2mSv/年、インドのケララは3.8mSv/年、中国の陽江は3.5mSv/年[*3]）。ラムサールには温泉が作った石灰質の沈殿（石灰華 (せっかいか)）にウランとトリウムがたまっており、ケララの海岸にはトリウムを含む黒い砂がたまっています。さらに陽江では、ウランやトリウムを多く含む粘土が煉瓦 (れんが) として使われています。これらの地域で大地放射線量が多

いのは、こうしたことが原因になっています。

　ケララ州の住民は砂浜に座って漁具の手入れをして、ヤシの葉で囲った家で砂に毛布を敷いて寝る生活をしているため、トリウムを含む黒い砂から直接放射線を浴びています。ケララ州の約7万人の人々で被曝線量とがんの発生の関係が調べられましたが、生まれてから累積した線量とがんの発生の間には関連はなく、調査された範囲の被曝線量ではがん発生への影響はないという結論が得られました。[*4]

　図3-6は日本列島の自然放射線レベルで、地面から高さ1メートル（m）で測定していて、大地放射線と宇宙線を合計した値になっています。[*5] 宇宙線の量に大きな違いはないので、自然放射線量の違いは大地放射線量の違いを反映しています。

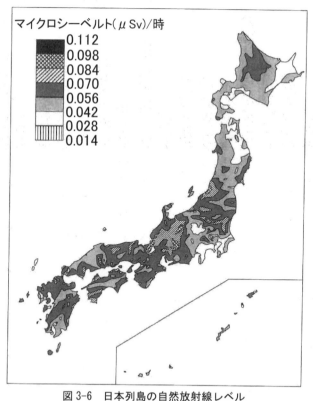

図3-6　日本列島の自然放射線レベル
出典：古川雅英, 地学雑誌, Vol.102, No.7, pp.868-877（1993）を一部改変

中部地方より西で自然放射線量が多く、関東より東で低い傾向があり、日本列島全体の自然放射線量の平均は1時間あたり0.056μSv（μSv/時）です。市町村ごとの平均値は、最高値が0.103μSv/時、最低値は0.019μSv/時でした。特に高い地域は、琵琶湖周辺から若狭湾、中部地方の山岳、関東地方の北の縁、新潟平野周辺に見られます。一方、特に低い地域は、伊豆・房総半島から日本海にかけての楔状（くさびじょう）の地域、東北地方の北部、北海道の中央部以外の地域に分布しています。

このような自然放射線量の違いは地質の違いを反映しており、多いところは花崗岩の分布と重なっています。花崗岩はマグマが地下の深いところで冷えて作られますが、その時に放射性核種のウランやトリウム、カリウム40が濃縮されます。そのため日本列島で自然放射線が特に多いところは、ほとんど花崗岩が分布していところと重なります。

一方、自然放射線の少ない地域に、黒ボク土におおわれた地域があります。黒ボク土は関東地方でよくみられる、火山灰からできた黒っぽい土で、有機物をたくさん含んでいるから黒い色をしています。関東ローム層もこの土で、黒ボク土は放射性核種の含有量が少なく、土壌化しているので、下の岩石からくる放射線もさえぎります。そのため黒ボク土が分布している地域には、自然放射線の多いところはほとんど見つかりません。

参考文献

＊1　市川龍資, *RADIOISOTOPES*, Vol.62, pp.927-938（2013）.

＊2　http://twitpic.com/anmb9q、2022年9月26日閲覧.

＊3　野口邦和、原発・放射能図解データ、大月書店（2011）.

＊4　田中司朗・角山雄一・中島裕夫・坂東昌子、放射線 必須データ32、創元社（2016）.

＊5　古川雅英, **地学雑誌**, Vol.102, No.7, pp.868-877（1993）.

第3節　放射線を少しだけ浴びても「がん」になってしまうのか

⑴ 細胞１つで毎日数万のDNA損傷が起こっている

　がんは、遺伝子に変異が起こったことにより、細胞の増殖や死を制御するシステムが異常になって発生する病気です。放射線はDNAに傷（DNA損傷）をつけるので、DNA損傷から遺伝子変異が起こって、ついにはがんを引き起こしてしまうことがあります。ということは、「ほんの少しの放射線もがんを引き起こしてしまうから、浴びることは危険極まりない」のでしょうか。

　DNA損傷というと、なんだか放射線の専売特許のようにいわれることがしばしばあります。実はそういうことはなくて、細胞内でとぎれることない酵素反応で起こる偶発的な失敗や、酸素を使った呼吸反応、さまざまな環境物質、紫外線なども、DNAに傷をつけています。どちらが多いかというと酵素反応の失敗・呼吸・環境物質などが原因となったDNA損傷のほうが圧倒的に多く、放射線によるものはむしろ少数にすぎません。

　放射線によるDNA損傷の原因は、放射線で作られたラジカル（２個ずつのペアになっていない電子（不対電子）を持っているため、反応性が高い原子や分子）です。ところが、ラジカルはさまざまな環境化学物質や紫外線でも生成しますし、呼吸でとりこんだ酸素を使って細胞内のミトコンドリアでエネルギー代謝を行う際も作られます。つまり、生きている限りラジカルの生成はさけて通れないものであり、しかも生成される量も決して少なくはありません。

　ちなみに、ミトコンドリアは細胞内の「エネルギー生産工場」と呼ばれますが、代謝率が高いとミトコンドリア内の遊離酸素濃度が高まり、DNA変異率が上昇します。小さい動物ほど体重あたりの表面積が広くて熱が逃げやすいので、代謝率が高くなる傾向があり、ミトコンドリアDNAの変異率は高くなることが知られています[*1]。

　表3-1は、私たちの体の細胞１つあたりで１日に生じるDNA損傷を示します。一つひとつの細胞で毎日、これだけのDNA損傷が起こっているのですから、全身では天文学的な数字になることがお分かりになると思います。ところ

が、永続的な変異として残るのはごくわずか（0.02%足らず）であり、残りは細胞内のDNA修復系が効率よく除去してしまいます[*2]。

表 3-1　細胞１つで１日に生じて修復される内因性のＤＮＡ損傷

DNA損傷	1日あたりで 修復される数
加水分解[#1]	
脱プリン反応[#2]	18,000
脱ピリミジン反応[#3]	600
その他の加水分解	100
酸　化	4,500
非酵素的メチル化[#4]	7,300

＃１：水が介在する化学反応によって塩基が欠損または変化する
＃２：アデニン、グアニンが DNA 二重鎖から外れる
＃３：シトシン、チミンが DNA 二重鎖から外れる
＃４：アデニンがメチルアデニン、グアニンがメチルグアニンに変化
出典：Alberts, B. ら、遺伝子の分子生物学、ニュートンプレス (2017) の表を一部改変

　DNA修復では、DNAに傷がないかを常時見回って、傷を見つけたら治す機能をもったさまざまなDNA修復酵素がその仕事にあたっています。生物が生きていく上で、DNA修復酵素は不可欠です。なぜなら、DNAは生物の体を形づくる細胞の設計図であり、それが安定に保たれていないと生きていけないからです。

　ところで、DNA修復酵素の遺伝子１個が異常になっただけで、修復能力が低下してさまざまな病気を引き起こすことが知られています。色素性乾皮症はその一つで、光によってできるDNA損傷を修復できないので、太陽光を短時間浴びただけで強い日焼けを起こし、深刻な皮膚の病変や皮膚がんを起こします。色素性乾皮症は、日本人の出生２万2000人に１人というまれな遺伝病ですが、20歳以下の患者では悪性の皮膚がんであるメラノーマ（悪性黒色腫）が、この遺伝子疾患をもたない人の2000倍発生しやすいとされています[*3]。

⑵ DNAの構造そのものが修復をしやすくしている

　私たちの体の設計図であるDNAは、A（アデニン）・G（グアニン）・C（シトシ

ン）・T（チミン）の４種類の文字（塩基という物質）で書かれています。DNA
は図3-7のように、糖とリン酸でできたリボンにA・G・C・Tの４文字が書か
れて、そのリボンが２本ずつ反対方向に並んで向き合ったような構造をしてい
て、これをDNA二重鎖といいます。片方の鎖の塩基はもう一方の鎖の塩基と、
水素結合という弱い結合を作って、対をなしています（塩基対）。その際、Aは
Tと、GはCとしか塩基対を作れません。このように対を作って向き合う相手
が決まっているので、片方のDNAの鎖で塩基の並び方が決まれば、もう一方
の塩基の並びからは自動的に決まってしまいます。

　このような構造を、相補塩基対といいます。DNA二重鎖は相補的なので、
もし片方のDNA鎖に傷がついたり失われたりしても、もう一方のDNA鎖を鋳
型にして修復することができます。つまりDNAの構造そのものが、傷を治し
やすくしているわけです。[*2,4]

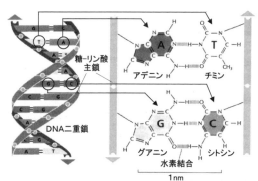

図 3-7　DNA二重鎖の相補的構造
出典：Alberts, B.ら、遺伝子の分子生物学、ニュートンプレス（2017）の表を一部改変

ところでDNA損傷では、次のような変化が起こっています。

①塩基損傷　DNAを構成する正常な塩基（A、G、C、T）が、天然にない異
　常な塩基に変わる
②塩基の遊離　塩基がDNAからはずれてしまい、鎖に塩基がない「歯抜け」
　部位ができる
③DNA鎖の切断　糖が切断されて、DNA鎖が切れてしまう
④DNAの架橋　塩基同士が結合し、鎖の間に橋わたし（架橋）ができる

このうち①では、シトシン（C）のアミノ基（NH₂）がはずれると、ウラシル（U）という塩基になります。Uは正常なDNAには含まれていませんから、DNAをパトロールしている修復酵素がUを見つけると、「ここに異常がある」と直ちに認識して修復を始めます。②、③、④も同様に、正常なDNAにはこんな構造はありませんから、DNA修復酵素はすぐに異常だと分かります。

　DNA修復にはいろいろなやり方があり、それぞれで別々の酵素が修復を行っています。その中でもっとも一般的なものをご紹介しましょう（図3‐8）。

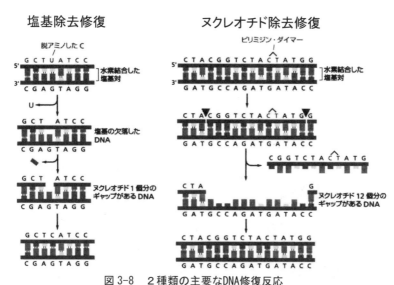

図 3-8　２種類の主要なDNA修復反応
出典：Alberts, B.ら、遺伝子の分子生物学、ニュートンプレス（2017）の表を一部改変

　1つめは塩基除去修復で、異常な塩基を見つけて除去することで修復が始まります。図3-8左の一番上で、上側の鎖にUがありますが、これは異常な塩基なので修復系が認識して除去します。Uを取り除いた後は、相補塩基対のもう一方から抜けた部分にCを入れればいいと分かりますから、Cを挿入して鎖を連結すれば、修復は完了です。

　もう一つの相同組換えでは、損傷がある部分を鎖ごと切り取ります。図3-8右の一番上で、上側の鎖にCとTの間に架橋ができています。正常なDNAには

こんな構造はありませんから、これを見つけた認識した修復酵素は架橋の両側に切り込みを入れて、鎖ごと除去してしまいます。その後は反対側のDNA配列に従って相補的に塩基を合成していき、最初に切り込みを入れたところで連結すれば修復は完了します。

　DNA二重鎖が同時に切れてしまうこともあり、DNA損傷の中でもこのタイプは特に危険なものです。なぜかというと、二重鎖の両方が同時に壊れてしまうと、修復に使うための無傷の鋳型がなくなってしまうからです。放射線が照射されるとDNA二重鎖切断がしばしば発生しますが、生物はこの損傷に対応する修復機構もちゃんと持っています。[*2,4,5]

⑶ 修復できなかった細胞は自分で死んでしまう

　DNA損傷のごく一部は、これまでにご紹介した修復系でも直すことができず、DNA変異として残ってしまいます。そういったものはすべて、がんに至ってしまうのかというと、決してそうではありません（図3-9）。[*5]

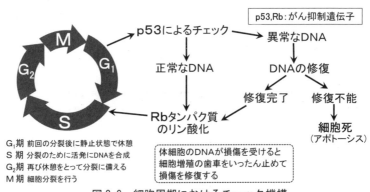

G₁期　前回の分裂後に静止状態で休憩
S 期　分裂のために活発にDNAを合成
G₂期　再び休憩をとって分裂に備える
M 期　細胞分裂を行う

体細胞のDNAが損傷を受けると細胞増殖の歯車をいったん止めて損傷を修復する

図 3-9　細胞周期におけるチェック機構

出典：小松賢志、現代人のための放射線生物学、京都大学学術出版会（2017）の図を一部改変

　細胞の中にはDNA損傷を常時監視しているタンパク質があり、損傷をみつけると直ちに細胞分裂を止めて、その傷が修復されるのを待ちます。修復が完了すると細胞分裂が再開しますが、傷がひどくて修復しきれない場合は、細胞は自分で死んでいきます（アポトーシスといいます）。このようなチェック機構

でも、生存にとって都合の悪いDNA損傷を排除しているのです。こうした仕組みをくぐり抜けたわずかなDNA損傷ががん細胞になる可能性がありますが、その先にはさらに免疫系の監視が待ち受けています。

このように、「がんになるから、放射線は少しでも浴びたらだめ」ということでは決してありません。

なお、「放射線を〇 mSv浴びた人が〇人いたから、〇人ががんになる」といった言説も見受けられますから、これについても考えてみることにします。

上のような言説の根拠になっているのは、「放射線によるがんの発生は、しきい値（これ以下では発生しないという量）がなく、被曝量に比例して発生率が増えていく」という「LNT仮説」です。

原爆生存者の方々で死亡診断書を用いた疫学研究を行った結果、100〜1000mSvの被曝量では、がんの死亡率が放射線量とほぼ直線的に比例して増加していました。一方、100mSv以下では放射線による発がんが増えているというはっきりした傾向は認められていません。これをより正確に表現すると、「100 mSv以上を被曝するとがんは増加するが、それ以下だと放射線による影響があったとしても、統計的に検出できないほど小さい」ということです。

100mSv以下で放射線の影響があるかどうかを、解析する集団の人数を増やせばわかるようになるかというと、そうはなりません。例えば、都道府県で自然発がんの発生率を比べてみると、同じ日本人でも生活習慣が違うなどの原因で、高いところと低いところでは20％くらいのバラツキがあります。世界中の被曝データを集めて集団の規模を大きくしてみても、同様に人種や生活習慣の違いによって誤差が大きくなるだけで、規模を大きくする効果は相殺されてしまうからです。

LNT仮説は、生物学的事実として受け入れられているものではありません。それでもLNT仮説が採用されているのは、被曝の過小評価を避けるという目的のためにです。ですからこの仮説を使って、「放射線を〇 mSv浴びた人が〇人いたから、〇人ががんになる」といった計算をするのは間違いなのです。[*5.7]

参考文献

＊1　長谷川政美、進化 38億年の偶然と必然、図書刊行会（2020）.

＊2　Alberts, B., Johnson, A., Lewis, J., Morgan, D., Raff, M., Roberts, K., Walter, P.、

遺伝子の分子生物学、ニュートンプレス（2017）．

＊3　武部啓、DNA修復、東京大学出版会（1983）．

＊4　Voet, D., Voet, J., Pratt, C.、ヴォート基礎生化学、東京化学同人（2014）．

＊5　小松賢志、現代人のための放射線生物学、京都大学学術出版会（2017）．

＊6　菅原 努・青山喬・丹羽太貫、放射線基礎医学、金芳堂（2008）．

＊7　児玉一八・清水修二・野口邦和、放射線被曝の理科・社会、かもがわ出版
（2014）．

第4節　放射性物質は体の中に無限にたまり続けていくのか

⑴ 安定な原子になったら放射能はなくなる

　放射能とは、ある原子が放っておいても自分で放射線を出して、別の原子に変わってしまう性質のことをいいます。それでは、放射能を持っている原子（放射性物質）は、ずっと放射能を持ったままなのでしょうか。

　目の前に放射能を持つ不安定な原子が、1つあるとします。この原子が放射線を出して安定した原子になると、もう放射線は出さなくなります。つまり、放射能はなくなったということですね。したがって、「放射能を持っている原子は、ずっと放射能を持ったまま」ではなく、「原子が放射線を出して安定になったら、その原子にはもう放射能はない」ということになります。

　それでは、不安定な原子が1つだけあったら、その原子がいつ放射線を出すのか分かるのでしょうか。実は、それは誰にも分かりません。分かるのは、不安定な原子が例えば100個あった場合に、それが半分の50個になるまでの時間はどれだけの長さなのか、ということです。この時間、すなわち放射能を持った原子が元の半分になる時間を、半減期といいます。

　図3-10の一番左に、不安定な原子が36個あります。10日たったら、18個が放射線を出して安定になり、不安定な原子は半分の18個になっていたとします。すると、10日という時間が半減期になります。

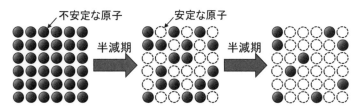

不安定な原子　　　　安定な原子

半減期　　　　　　半減期

図 3-10　半減期がたつと不安定な原子は半分に減る

　それでは、さらに半減期の10日がたつと、18個の不安定な原子はゼロになるのでしょうか。実はそのようにはなりません。18個の不安定な原子のうち、9個は10日の間に放射線を出して安定な原子になり、9個の不安定な原子が残ります。

　はじめにあった不安定な原子の数を1とすると、半減期がくると半分の原子が安定に変わっていて、不安定な原子は半分に減っています。次の半減期がくると、残っていた不安定な原子の半分が安定な原子に変わって、残った不安定な原子はさらに半分になります。最初にあった不安定な原子と比べると、半分の半分、すなわち1／4になっていますね。

　このように、はじめに1あった不安定な原子は、半減期がくるごとに1／2→1／4→1／8→1／16…と減っていくのです。その様子を示したのが、図3-11です。

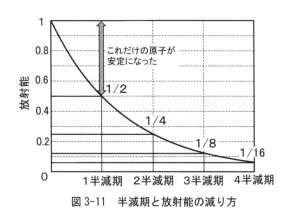

図 3-11　半減期と放射能の減り方

半減期は放射性物質によってそれぞれ違っています。ヨウ素131（半減期

8.0252日）のように半減期が短いものは、最初は放射線をたくさん出しますが短い時間で減っていきます。一方、ウラン238（同44億6800万年）のように半減期がとても長いものは、放射線をわずかしか出しません。ヒトにとって嫌な存在は、セシウム137（同30.08年）やストロンチウム90（同28.79年）のように半減期が長くも短くもない、放射線を出しながら土などを数十年にわたって汚染し続ける放射性物質です。[*1,2]

(2) 体の中の放射性物質の減り方と実効半減期

　これまでにご説明した半減期は、放射性物質の物理的性質によるものなので、物理的半減期ともいいます。それでは、例えば物理的半減期が30.08年であるセシウム137を食品などといっしょに体の中に取り込んでしまうと、30年たたないと半分に減らないのでしょうか。実際はそのようなことはなく、30年よりはるかに短い時間で半減します。そのことをご説明しましょう。

　口から体の中に入ったセシウム137は、消化管から吸収されて血液に入り、全身に運ばれます。その後、排泄作用によって体から外に排出されていきます。体内に取り込まれた元素が排泄によって半分に減るまでに要する時間を、生物学的半減期といいます。生物学的半減期は、体内に取り込まれた物質が放射能を持っているか否かには無関係で、放射性セシウム（セシウム137）も安定セシウム（セシウム133）もまったく同じで、ヒトの場合は70日ほどです。

　セシウムが放射性か否かは生物学的半減期に影響しない一方で、セシウムがどのような化合物になっているのかは排泄の速さに大いに影響します。特に、水に溶ける化学形態かそれとも不溶性なのかは重要です。また、その元素が骨のような特定の臓器・組織に固定されるかどうかも、生物学的半減期に影響します。骨に固定される元素（向骨性元素）は半減期がとりわけ長く、ストロンチウム90は約50年、プルトニウム239は約200年とされています。

　体の中に取り込んだ放射性物質は、放射線を出して安定な元素に変わる（放射性壊変）速さと、排泄で体の外に出ていく速さの両方をあわせた速さで減っていきます。この両方をあわせた速さを表す量が実効半減期（T_{eff}）で、物理的半減期（T_p）と生物学的半減期（T_b）から以下のように導かれます。[*1]

$$T_{eff} = \frac{T_p \times T_b}{T_p + T_b}$$

セシウム137の実効半減期を求めると、$T_p = 30.08$年、$T_b = 70$日より$T_{eff} =$ 69.6日となり、実効半減期は生物学的半減期とほとんど変わらないことが分かります。このように、物理的半減期と生物学的半減期のうち、一方が他方に比べてずっと短い場合は、実効半減期は短い方とほとんど同じになります。なお、ストロンチウム90の実効半減期は、$T_p = 28.79$年、$T_b = 50$年より$T_{eff} =$ 18.3年となります。

⑶ 体内にたまる放射性物質の量は摂取と排泄のバランスで決まる

放射性物質で汚染した食品を、一回に食べる量は少しずつであってもそれを毎日食べ続けていったら、放射性物質が体の中に無限にたまり続けてしまうのでしょうか。次はこれを考えてみましょう。

放射性物質を含む食品を食べ続けると、体の中にたまっていく一方で、崩壊と排泄で減っていきます。その様子は、浴槽（風呂おけ）に水を入れた時のたまり方に例えると分かりやすいと思います（図3-12）。

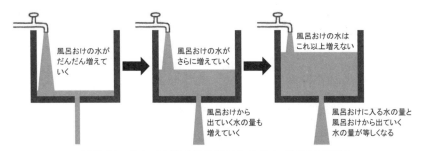

図3-12　体内での放射性物質のたまり方（風呂桶理論）
出典：野口邦和、放射能のはなし、新日本出版社（2011）

風呂おけの底の栓を開けたまま（ふつうはそんなことはしないと思いますが）、蛇口から勢いよく水を入れ始めると、風呂おけに水がたまって水位が上がっていきます。栓を閉めていないので水は底から出ていきますが、最初のうちは少しだけです。さらに水を入れ続けると、風呂おけから出ていく水の量も増えて

いきます。そして、どこかの時点で入る量と出ていく量が釣り合って、浴槽の水はそれ以上増えもしないし減りもせず、一定の水位で落ち着きます。

　放射性物質を含む食品を毎日少しずつ食べ続けた場合の、体の中での放射性物質のたまり方もこれと同じようになります。その様子をグラフに示したのが図3-13です。

　食物といっしょに放射性物質を摂取し始めてから、実効半減期の5〜6倍くらいの時間がたつと摂取量と排泄量がバランスして平衡状態に達して、もうそれ以上は蓄積されなくなります。どのレベルで平衡状態になるかは、1日当たりの摂取放射能をA（ベクレル（Bq）／日）、実効半減期 T_{eff}（日）、平衡状態での体内蓄積量をQ（Bq）とすると、以下の式で計算できます。

$$Q = 1.44 \times A \times T_{eff}$$

　この式から、食事で毎日摂取する放射性物質の量が少なければ少ないほど、平衡状態の体内放射能は小さくなることが分かります。また、実効半減期が長ければ長いほど、平衡状態の体内放射能は大きくなります。[1]

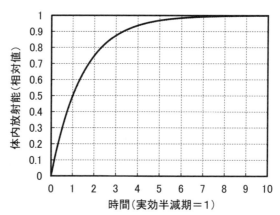

図 3-13　放射性物質の半減期と体内でのたまり方の関係
出典：野口邦和、放射能のはなし、新日本出版社（2011）

参考文献

＊1　野口邦和、放射能のはなし、新日本出版社（2011）.

＊2　日本アイソトープ協会、アイソトープ手帳 12版（2020）.

第4章

福島第一原発事故後に
福島県でどんなことが起こったのか

　この章では、福島第一原発事故後にどんな被害が起こったのかをふり返ります。そのことから教訓を引き出すことが、今後の原子力防災をどうするか検討するために不可欠だからです。

第1節　幸いなことに
　　　　放射線被曝に起因する健康被害は起こらなかった

⑴ 外部被曝と内部被曝は健康影響が出るレベルよりずっと低かった

　福島第一原発事故で環境に放出された放射性物質による被曝には、体の外にある放射性物質から出る放射線を浴びる外部被曝と、体の中に取り込んだ放射性物質による内部被曝があります。はじめに、外部被曝をどれくらいしたのかについて述べます。

　図4-1は、空間線量率（空間を飛んでいる放射線の1時間当たりの量）が最も高かった事故直後の4か月に、福島県の約46万人の方々が外部被曝した線量の分布を示します。[1,2]

　地域によって実効線量（説明は表2-3を参照）の分布は異なりますが、全県的には0〜5ミリシーベルト（mSv）未満が99.8％をしめています。この中で最も高かったのは、福島第一原発に近い相双地域の1人の25mSvでした。確定的影響が起こるしきい値のうち最も低いのが100mSvですから（図3-1）、大部分の人々はこれよりはるかに低く、25mSvだった人も十分に低いことが分かりま

す。

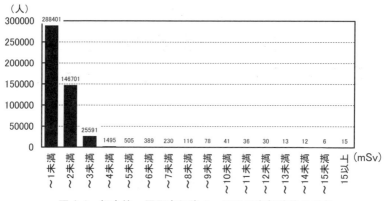

図 4-1　福島第一原発事故後 4 ヶ月間の実効線量の分布
出典：野口邦和ら、福島事故後の原発の論点、本の泉社（2018）

　表 4-1 は、福島第一原発に近い 12 市町村から避難した人の避難前と避難中、[*4]
1 年の残りの期間中に避難先で被曝量を推計した結果です。[*5]この地域の事故直
後 1 年間の平均実効線量は、すべての年齢層で最大でも 10mSv を下まわってい
たと推定されました。

表 4-1　福島県内 12 市町村から避難した人々の
事故直後 1 年間における実効線量の推定値

年 齢 層	避難前および 避難中	避 難 先	避難直後 1 年間の合計
成 人	0.027〜3.6mSv	0.005〜2.7mSv	0.046〜5.5mSv
小児、10 歳	0.058〜4.3mSv	0.006〜3.2mSv	0.10〜6.5mSv
幼児、1 歳	0.079〜5.2mSv	0.005〜3.8mSv	0.15〜7.8mSv

注：福島第一原発に近接した 12 市町村（双葉町、広野町、浪江町、楢葉町、大熊町、富岡町、
飯舘村、川俣町、南相馬市、田村市、川内村、葛尾村）。数値は自然放射線源からの被曝線量
への上乗せ分であり、各市町村の平均線量の範囲を示す。住民一人ひとりが被曝した線量範囲
を示したものではない
　　　　　出典：国連科学委員会（UNSCEAR）、2020 年報告書

　図 4-2 は、200 万人の福島県民の事故直後 1 年間の実効線量推定値の分布を示
します。[*5]平均線量は約 2 mSv（中央値は約 1.5mSv）で、実効線量がもっとも高
かった人で約 10mSv であったと推定されています。
　このように、外部被曝線量は確定的影響が起こるもっとも低いしきい線量よ

り低く、大多数の福島県民ははるかに低い線量でした。

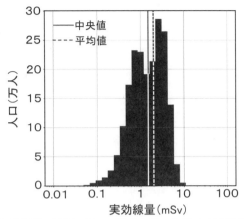

図 4-2　福島県民（200万人）の事故直後 1 年間の実効線量の推定値
出典：国連科学委員会（UNSCEAR）、2020年報告書

　次は内部被曝についてです。福島県では、福島第一原発事故後による県民
の内部被曝線量は、外部被曝線量の0.1〜 1 ％のレベルにあったと事故当初か
ら一貫して評価されてきました。また、陰膳法（第 2 章第 3 節、参考文献と注＊
9 参照）による内部被曝線量の推定で2012年度に最大でも年 0.12mSv（私たち
の体内に存在する天然放射性物質のカリウム 40による内部被曝線量は年 0.17mSv）で
あったこと、2011年 6 月から2020年 8 月まで延べ34.5万人のヒューマンカウン
タ（ホールボディカウンタ）による測定を行った結果では、2011年度に年 1 mSv
を超えた人が26人（内訳は 1 mSvが14人、 2 mSvが10人、 3 mSvが 2 人）、2012年
度以降は全員が 1 mSv未満であったことが分かっています。ちなみにヒューマ
ンカウンタの検出限界値である200〜 300ベクレル（Bq）の放射性セシウムの
放射能量は、年 0.01〜 0.015mSvに相当します。
　このような結果から、陰膳法による推定値とヒューマンカウンタによる推定
値は矛盾していないと考えられ、内部被曝線量は幸いにもとても低いレベルに
抑えることができていたと評価できます。[*6]
　確率的影響である発がんについても、福島第一原発に近い市町村から避難し
た人々の外部被曝推計線量や、それよりはるかに低い内部被曝推計線量から判
断して、がんの発生率が上昇するとは考えられません。

⑵ ヒトに放射線による遺伝的影響は見つかっていない

　福島第一原発事故後には、事故が起こった時点で妊娠していた胎児とその後に妊娠した胎児への影響、生殖細胞（卵子と精子）を介した遺伝的影響の発生も心配されました。これらはどうだったのでしょうか。

　はじめに、胎児への影響についてです。福島第一原発事故後の妊娠と出産に関する調査が、災害時に妊娠していた8602人の女性で行なわれました。その結果、死産（在胎22週以上）の発生率は0.25％、早産は4.4％、低出生体重は8.7％、先天性異常は2.72％であり、これらの発生率が現在の日本の標準的な頻度とほぼ同様であることが分かりました。[*7] 2011年度の調査で、このことはすでに分かっていたわけです。

　さらに図4-3は、2018年度まで調査した結果です。日本での先天奇形・先天異常の一般的な発生率は3〜5％、心臓奇形の自然発生率は約1％といわれています。福島県の結果はこの頻度と同様のものです。心室や心房の中隔欠損、多指症、口唇口蓋裂など疾病別の発生率も、福島県と全国で頻度に有意差は見られていません。

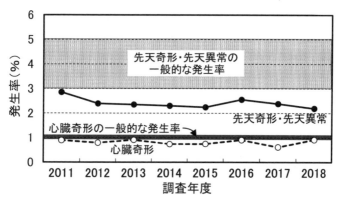

図4-3　福島県での先天奇形・先天異常の発生率
出典：福島県県民健康調査、「妊産婦に関する調査」結果報告から作成

　次は遺伝的影響についてです。放射線の遺伝的影響はマラーが行なったショウジョウバエの実験で発見され、ほ乳類ではネズミで見つかっています。ところ

がヒトでは、放射線による遺伝的影響は見つかっていません。[*8]

　広島・長崎で原子爆弾から高線量を浴びた親から生まれた子どもで、親の被曝による次世代への影響は見られませんでした。また、原爆被爆後1年以上経過した1946〜54年の間に、広島市と長崎市で生まれた7万7000人の新生児について、親の被曝による出生時の奇形への影響を調べたところ、被曝していない親から生まれた子どもと比べて、有意な差は認められませんでした。[*9]

　広島と長崎の被爆者で遺伝的影響が見つかっていないのですから、被曝量がはるかに少ない福島県で遺伝的影響は現れません。

⑶ 多くの女性が「放射線リスク」を恐れて出産をためらった

　その一方で「放射線リスク」や「遺伝的影響」は、多くの女性にとって深刻な不安となりました。福島県県民健康調査の「こころの健康度・生活習慣に関する調査」結果報告は、そのことをはっきり示しています（図4-4）。[*10]

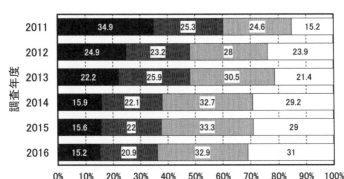

図 4-4　放射線リスク（次世代影響）の認知状態

出典：福島県県民健康調査、「こころの健康度・生活習慣に関する調査」結果報告から作成

　この調査では、「現在の放射線被曝で、次世代以降の人への健康影響がどれくらいおこると思いますか」の問いに、2011年度には34.9％が「可能性は極めて高い」と回答しました。「高い」とあわせると、実に6割の人が放射線影響は「遺伝する」と考えていました。2017年度に質問様式が変更されたのでそれ

以前と比較はできませんが、2018年度の調査でも34％が「可能性は極めて高い・高い」と回答しています。

　県民健康調査では、「妊産婦に関する調査」も行われました。その結果から、母親の多くが放射線被曝に伴う偏見・差別による不安をかかえていることが明らかになりました。また、若い女性の将来の妊娠出産に対する態度は、放射線のリスク認知と関連していることが示唆されました。[*11]

　表4-2は、2011年8月〜2012年7月に福島県内で母子手帳が交付された人に、次回の妊娠・出産についての考えを聞いた結果です。[*12]「いいえ」と答えた人のうち、14.8％が「放射線の影響が心配」がその理由でした。県中地域（郡山市など12市町村）では21.1％、福島第一原発に近い相双地域（南相馬市など12市町村）は16.1％にのぼります。5〜7人に1人が、遺伝的影響を恐れて子どもを持つのをためらったのです。そのため、生まれているはずだった子どもが生まれなかった、という事態が起こったのではないかと推測されます。

表 4-2　分娩した人の次回の妊娠・出産についての考え

	次回の妊娠・出産				「しない」理由が「放射線の影響が心配」	
	希望する		希望しない			
県　北	990	53.6%	825	44.7%	103	12.5%
県　中	1,100	53.4%	926	44.9%	193	21.1%
県　南	286	51.1%	267	47.7%	34	12.7%
相　双	244	50.2%	232	47.7%	37	16.1%
いわき	617	51.5%	555	46.3%	78	14.2%
会　津	439	53.8%	364	44.6%	27	7.5%
南会津	40	51.3%	37	47.4%	2	5.4%
県　外	59	63.4%	33	35.5%	1	3.0%
合　計	3,775	52.9%	3,239	45.4%	475	14.8%

出典：福島県県民健康調査、「2012年度妊産婦に関する調査」結果報告から作成

　胎児への影響が見られないことが明らかになり、遺伝的影響は現れないと断言できるのに、なぜ不安が広がったのでしょうか。それは、何の根拠もないのに「遺伝的影響」を口にする「識者」がいたり、マスコミなどがそれを無批判に広げたりしたからです。[*13]

　放射線影響に関する知識には、1895年にレントゲンがエックス線を発見した直後から100年を超える蓄積があり、多くのことはすでに分かっています。[*14]それなのに「分かっていない」と根拠もないのに主張する人が少なからずいて、

「分かっていること」まで無視されてきたことも深刻な事態にいっそう拍車を
かけました。

　ところが、こういった根拠のない「遺伝的影響」を口にしたり、「分かって
いない」と放射線の危険をあおったりした人たちから、その責任の重さを自覚
した反省を聞いたことがありません。それどころか、「国や電力会社を糾弾す
るためには、多少話を盛ったって構わない」とか「原発をなくす運動では、真
実でないことを語っても許される」と免罪するのさえ見受けられました。

　このような人たちは、「私はもう、結婚して子どもを産めないの」と思い詰
めたり、福島県に生まれたことで十字架を一生背負ったと考えたりした子ども
たちのことを、いったいどう考えているのでしょうか。

参考文献と注

＊1　政治経済研究所編、福島事故後の原発の焦点、本の泉社（2018）.

＊2　福島県県民健康調査の問診票に書かれた行動記録をふまえて、放射線医学総
　　合研究所の外部被曝線量評価システムによって2011年3月11日～7月11日の実
　　効線量を推計した数値です。線量は福島第一原発事故に伴って、自然放射線によ
　　る被曝量に「上乗せされた量」を示します。

＊3　福島県は太平洋側から順に、浜通り、中通り、会津の3つの地域からなり、浜
　　通りの中部と北部を合わせて、相双地域といいます。相双地域は、太平洋と阿武
　　隈高地に囲まれた南北に長い地域です。

＊4　双葉町、広野町、浪江町、楢葉町、大熊町、富岡町、飯舘村、川俣町、南相
　　馬市、田村市、川内村、葛尾村の12市町村。

＊5　国連科学委員会（UNSCEAR）、2020年報告書.

＊6　岩井孝・児玉一八・舘野淳・野口邦和、福島第一原発事故 10年の再検証、あ
　　けび書房（2021）.

＊7　Fujimori, K. *et al.*, Pregnancy and birth survey after the Great East Japan
　　Earthquake and Fukushima Daiichi Nuclear Power Plant accident in Fukushima
　　prefecture, *Fukushima J. Med. Sci.*, Vol.60, No.1, pp.75-81（2014）.

＊8　Nakamura, N., Why Genetic Effects of Radiation are Observed in Mice but
　　not in Humans, *Radiat. Res.*, Vol.189, No.2, pp.117～ 127（2018）.

＊9　放射線被曝者医療国際協力推進協議会編、原爆放射線の人体影響（第2版）、

文光堂（2012）．

＊10　福島県県民健康調査、こころの健康度・生活習慣に関する調査．

＊11　Ito, S. *et al.*, *J. Natl. Inst. Public Health*, Vol.67, No.1, pp.59-70（2018）．

＊12　福島県県民健康調査、2012年度妊産婦に関する調査．

＊13　日本生態系協会会長が講演で、「福島ばかりじゃございませんで栃木だとか、埼玉、東京、神奈川あたり、あそこにいた方々はこれから極力、結婚をしない方がいいだろう」、「結婚をして子どもを産むとですね、奇形発生率がどーんと上がることになる」と言い放った（福島民報、2012年8月30日）．

＊14　児玉一八、図解　身近にあふれる「放射線」が3時間でわかる本、明日香出版社　（2020）．

第2節　「放射線を避けることによる被害」で多くの方が亡くなった

(1) 福島県の震災関連死の多さと避難に伴う健康状態の悪化

福島第一原発事故に伴う被曝量は、幸いにも健康被害が生ずるレベルではありませんでした。ところが、事故によって深刻な被害が発生してしまいました。それを端的に示すのが、福島県の震災関連死の多さです（図4-5）[1]。

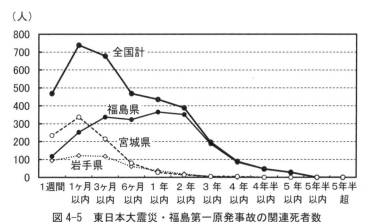

図 4-5　東日本大震災・福島第一原発事故の関連死者数
出典：清水修二ら、しあわせになるための「福島差別」論、かもがわ出版（2018）

東北３県の震災関連死者数の推移を比較すると、宮城県と岩手県は事故後１〜３か月後がピークでその後は減少しているのに、福島県は６か月後から２年後まで高いままで横ばいになっています。これは原発事故による汚染で避難が長引いたことが原因で、そのために福島県では2000人以上の方々が亡くなっています。避難した住民は、ほんの数日間だと思って「着の身着のまま」で避難先した人も少なくありません。それがそのまま、長期の避難生活を送ることになってしまったわけです。避難先は居住地が変わっただけにとどまらず、生活環境も大きく変わってしまいました。そのため、精神的にも肉体的にもさまざまな影響が避難した人々に現れました。以下は、そのごく一部です。

・避難区域 13市町村の避難者のうち、20.3％に睡眠障害が認められた。自宅または親戚宅に住んでいる人と比較して、避難所または仮設住宅に住んでいる人の睡眠障害の危険度は男性で1.47倍、女性は1.39倍、借り家に住んでいる人は男性で2.16倍、女性は1.92倍で、すべて有意に上昇していた。[*2]

・大規模災害後に新たに飲酒を始めることは、精神的苦痛や社会経済的要因が影響していると考えられている。震災前に飲酒習慣がなかった人について調べたところ、9.6％が震災後に新たに飲酒するようになっていて、そのうち18.4％が多量飲酒者（日本酒換算で１回２合以上）だった。[*3]

・避難地域で平均体重と過体重・肥満の人の割合が、震災前後でどう変化したかを調べた結果、平均体重は震災後、避難者と非避難者の双方で有意に増加し、特に避難者で体重が大きく変化していた。また、過体重・肥満の人の割合も、震災後、特に避難者で増加していた。避難者の中で過体重者の割合は、震災前が31.8％（非避難者は28.3％）、震災後は39.4％（同 30.3％）だった。[*4]

・避難地域で震災後、肝障害を起こした人が震災前 16.4％から震災後 19.2％へと有意に増加した。さらに、非避難者と比較して避難者が新たに肝障害をおこすリスクを検討したところ、非飲酒者で1.38倍、軽度飲酒者で1.43倍、中等度以上の飲酒者で1.24倍だった。[*5]

・2011年時点で「糖尿病ではない」と診断されていた人について、長期避難が糖尿病の発生率（ある集団で一定期間に疾病が発生した率。罹患率ともいう）に及ぼす影響を調べた結果、避難者のほうが非避難者よりも1.61倍高かっ

た。また、非避難者と比較して避難者では、肥満・脂質異常症・体重が20歳から10kg以上の増加・体重が1年以内に3kg以上の変化・喫煙習慣などの割合が有意に高かった。[*6]

・避難地域で慢性腎疾患（CKD）の発生率を調べたところ、非避難者の80.8／1000人年に対して避難者は100.2/1000人年で、避難者のほうが高かった。また、調査開始時の年齢・eGFR（換算糸球体ろ過量）・性別・肥満・高血圧・糖尿病・脂質異常症・喫煙の有無で調整した後も、避難は独立したCKD発症のリスク因子であることがわかった。[*7]

・避難地域で血圧の変化が調べられた結果、震災後に避難者、非避難者ともに血圧が上昇していた。変化量は、男性は避難者が＋5.8／＋3.4mmHg（収縮期血圧／拡張期血圧、以下同じ）、非避難者が＋4.6／＋2.1mmHg、女性は避難者が＋4.4／＋2.8mmHg、非避難者が＋4.1／＋1.7mmHgだった。このように、変化量は避難者で有意に大きくなっていた。男性では避難は新たな高血圧症の発症に有意に関連していたが、女性ではそのような関連はみられなかった。[*8]

このように福島第一原発事故後の避難に伴って、さまざまな健康影響が発生しています。これらは原発事故がもたらした深刻な被害にほかなりません。

(2)「放射線被曝による被害」と背反する 「放射線被曝を避けることによる被害」の発生

福島第一原発事故に伴う甚大な被害の象徴ともいえるのが、避難によって50人もの方々が亡くなった「双葉病院の悲劇」です。

双葉病院（福島県大熊町）の重篤患者34人と介護施設利用者98人は3月14日午前に避難を開始し、夜にいわき市内の高校に到着するまでに約14時間、230kmの移動を強いられた結果、バスの中で3人、搬送先の病院で24人の方々が亡くなりました。病院に残っていた95人の患者は3月15日に自衛隊によって避難したのですが、その途上で7人が亡くなり、最終的には14日と15日の避難にともなって50人が亡くなってしまいました。「放射線被曝による被害」を避けようとした結果、「放射線被曝を避けることによる被害」が起こってし

まったのです。

　この２つの被害の背反性について、哲学的・倫理学的な立場から福島第一原発事故後に起こった被害を分析している一ノ瀬正樹は以下のように述べています[*9]。

　　「避難」による被害は、放射線を被曝することによる健康被害なのだろうか。やはり、それは違うだろう。「避難」による被害は、放射線被曝による被害ではなく、むしろ逆に、放射線被曝を「避ける」ことによる被害だと、そういうべきである。つまり、放射線被曝による被害、放射線被曝を避けることによる被害、この二つは、まったく異なる、むしろ内包的には互いに背反する被害性なのである。なぜなら、今回の福島原発事故の被災地の実情に即して言えば、一方を避けると他方を被る、という関係性が成り立っているからである。

　双葉病院の悲劇は、自立歩行が困難で健康状態もよくない高齢者を、こともあろうに観光バスに無理やり乗せて、長時間の移動を強いたために起こりました。こんなことをすれば、死者が出てしまうのは避けられないでしょう。「放射性物質はほんの少しでも危ない」、「危ないと思ったことは避けなければならない」という予防原則の考え方が、結果としてこの悲劇を引き起こしてしまいました。身のまわりにあるリスクを冷静に把握して、それぞれを比較・検討してどう行動すれるのが考えうる最良のものであるかを判断せずに、「ともかく避難」をやってしまったために、失わずにすんだはずの命が失われてしまったのです[*10]。

　そのような悲劇の一つとして、「こんなに早く亡くなると思っていなかった人たちが亡くなっていった」ということが起こってしまった、高齢者施設「東風荘」（福島県富岡町）での福島第一原発事故後の数日のことをご紹介します[*11]。

　なお、ここで付言しておきますと、このような事例を紹介するのは、あの時点でこうすべきであったというような指摘をするのが目的ではありません。今後、もし原発でふたたび重大事故が起こったような場合に、同じような悲劇を繰り返すことのないように教訓としたいという意味のみで、以下のことについて述べていきます。

⑶「着の身着のまま避難」で犠牲になったお年寄りたち

　東風荘（福島県富岡町）は福島第一原発から南南西10km圏内にある養護老人ホームで、事故当時には73人が利用していました。利用者の平均年齢は84歳で、約半数は要介護認定を受けており、寝たきりの利用者が約20人と、福島県内の養護老人ホームと比較して平均的な介護度は高い状況にありました。

　東北地方太平洋沖地震の翌日、3月12日に施設長は、介護度の高い利用者を多く抱える東風荘としては、慌ててやみくもに避難するのではなく屋内退避するほうがよいのではないか、と判断していました。その日、屋内退避に備えて準備を整えている最中に県災害対策本部からの電話が東風荘にあった際、施設長は「重度者が多く、静養室には重篤者もいるので適切な移動手段がない限り、避難は無理です」と伝えていました。

　同日15時36分、福島第一原発1号機で水素爆発が起こり、大きな地響きが東風荘を襲って窓ガラスが音をたてて揺れました。その翌日の13日に県から電話があり、「緊急に避難してください。これは避難要請ではなく、避難命令だ。総理大臣命令だ」と一方的にまくしたてて、一方的に切れました。その後、県災害対策本部が手配したと思われる観光バス3台が次々と到着し、白い防護服、手袋、ガスマスクを装着した警察官たちが土足のまま施設内に飛び込んできました。その際のやり取りを、以下に引用します。[*11]

　「とにかく早くバスに乗れ！」

　白い防護服の男が大声をあげた。東風荘には、足が曲がらない人や、終末期ケアを受けている人など、座位を保つことさえ難しい人が多くいる。酸素ボンベがなければ呼吸が止まってしまう人もいる。こんな状態の人たちをバスに乗せろと？

　観光バスに乗せるということが、職員にはまったく信じられなかった。乗降口の間口は狭く、乗車ステップも急で、座席は固い。観光バスで高齢者を移動させろということ自体が、介護にかかわってきた人間から見れば、無茶苦茶な話なのだ。

　「どうやって身体が不自由な人を観光バスに乗せるのよ!?」

　顔を真っ赤にした職員が防護服の警官に食ってかかった。

「とにかく早くしろ！　なんで早くできないんだ!?　速く歩け！」

　防護服の警官がよたよたと歩く利用者に声を張り上げる。その目には高齢者の姿など映っていない。自分が早く避難したいという意思が見え見えだ。職員は警察官の怒鳴り声に利用者が焦って転倒しないよう「ゆっくりでいいから」と声かけしながら誘導した。

　利用者の中にはどうしても持っていきたいものがあると部屋に戻ろうとする人もいたが、「2〜3日したら戻れるから……すぐに戻れるから……」と職員が説得し、バスに乗ってもらった。

　観光バスは次々に出発し、心肺停止になった利用者の救命措置が必要になるなどの混乱がありながら、隣接する川内村の役場近くに何とか到着しました。ところがそこは、避難先ではなくて空き地でした。県の担当者は避難先について「今確認していますから」というものの、川内村の役場機能は麻痺していて、村内2か所の集会所にやっとたどり着いて入所者が体を横にできたのは、すでに日付が変わっていたころでした。

　集会所は、利用者が横になるとほとんど寝返りさえ打てないほど隙間がなく、毛布の数が足りなかったので職員が上着やバスタオルなどを利用者にかけました。職員が落ち着かせようとしたものの、環境の変化によるストレスのためか利用者はなかなか眠らず、せん妄の症状が出て大声を上げる人もいました。

　避難2日目の3月14日、午後1時20分に95歳の入所者が、職員の見守る中で息を引き取りました。さらに、98歳の入所者も容態が急変して危篤状態となり、15日午前2時35分、医師の到着を待たずに息を引き取りました。

　3月15日夜、「本日、災害対策本部は大変重大な決定を行いました。原子力発電所の事故が好転する兆しが見えるまで避難できる皆さんは、自主的に避難してください。避難されない皆さんは屋内退避を続けてください。みなさんお元気で」という川内村長の声が突然、無線放送から流れました。その翌日、13日午前11時過ぎに東風荘も集会所から避難することになり、手配されたマイクロバスにふたたび利用者を載せて、2回目の避難を行いました。

　向かった先は、東風荘から60kmほど西にある、郡山市にある福島県内最大規模のイベント施設「ビッグパレット」でした。ところがそこは、廊下・階段

下・トイレの通路脇などのわずかなスペースに寝ているほど、人で埋め尽くされていました。衛生環境は日に日に悪化し、避難所のところどころから咳き込む声が聞こえたり、嘔吐したり、下痢でトイレに何度も駆け込む人が目立ってきました。

そうした中、3月17日夕刻に東風荘の92歳の利用者の容態が急変し、郡山市の病院に搬送されたものの、まもなく亡くなってしまいました。施設長は「もうこれ以上の死亡者、犠牲者は出したくない」と判断し、ビッグパレットを離れて高齢者福祉施設へ避難することを決めました。

3月18日から3回目の避難が始まり、遠くは会津の喜多方市まで10か所の施設への受け入れが決まり、最後に重度の精神疾患を患う人や重度者13人の目処がたったのは21日でした。東風荘の状況を聞きつけてビッグパレットに様子を見に来た人は、「こりゃだめだわ。早く利用者を移さなければ死んじゃうよ。うちも地震でやられたけど、今施設長に確認してみるから」と、衰弱した利用者の状況に驚いたということです。

東風荘の利用者は3回目の避難の後も、避難による重度のストレスにより肉体と精神をむしばまれました。最後に利用者を受け入れた特別養護老人ホームでは避難後、利用者が体調を崩して5人が立て続けに入院となりました。

⑷ 避難区域で残ることを選択した施設もあった

福島第一原発から北西約40kmにある特別養護老人ホーム「いいたてホーム」（福島県飯舘村）は、130人（うちショートステイ10人）を受け入れることができる、比較的大きな施設でした。その向かいにある飯舘村役場で3月15日、44.7μSv/時の空間線量率を観測しました。年間被曝量が20mSvに達する可能性がある地域が「計画的避難区域」に指定され、避難指示が出たのは4月22日でした。いいたてホームにも避難指示の知らせが届き、村役場も移転することになりました。

いいたてホームでは、①1か所に全員が避難する、②分散して避難する、③飯舘村に留まる、の3つの選択肢について検討しました。その結果、最後の選択肢である「飯舘村に残る」という判断がなされました。*11

その根拠になったのは、以下のことでした。

・理想的なのは、1か所に全利用者が避難することだが、福島県高齢福祉課に問い合わせるとそのような施設は県内には見つからないとの回答だった。そもそも国や県は、保養所や体育館などを、長期にわたって介護という別の目途に使用することは認めなかった。

・静岡県伊東市であれば、ほぼ全員が入居できる施設があった。福島県から400〜500km離れた施設にいっしょに行けるか職員に意思確認したところ、行ける人は数人だけだった。現地で雇用できる当てもなく、移動によるストレスも心配され、ここへ全員で避難するのは現実的に無理と考えられた。

・県高齢福祉課からは、埼玉県であれば29か所の特別養護老人ホームに分けて、少人数ずつ避難させることができるという回答があった。利用者が確実に施設に避難できることは魅力だったが、280kmの移動と環境変化で利用者が体調を崩すことがやはり心配であった。

・いいたてホーム内の空間線量率を測定すると、屋内は外の1/5〜1/10であった。利用者は3月11日から外には出ておらず、今後も1日8時間も外に出るということはあり得ない（年間20mSvの基準を決める際、毎日屋外で8時間、室内で16時間過ごす生活を1年間続けると仮定していました）。したがって、避難基準である年間20mSvには達しないと考えられた。

このような決断がなされる過程で、職員の間でも今後どうしていくのかという話し合いが続けられ、一人の職員が「終末医療を受けている利用者は、動かしたら死んじゃうんじゃない」といいました。これを聞いた職員は、東日本大震災を機に3月に家族に引き取られ、埼玉県川口市へ避難した利用者Tさんのことを思い出しました。[11]

家族と共にTさんは、埼玉県の避難先のアパートで寝たきりの生活を送っていた。家族は自らの避難生活で手いっぱいで、Tさんの介護にまで手が回らなかったのだろう。「ここでないと」と、避難して約2週間後、いいたてホームに戻ってきたのだ。Tさんの容態は悪化していた。いいたてホームにいたころは車いすで移動できたのに、長距離の移動とたった数週間の避難生活で寝たきり状態になっていた。

「やっぱり、高齢者には避難は無理なんだ」

Tさんの変わり果てた姿を見て、そう思った。

　飯舘村に残ることを決めたいいたてホームの職員は、「やるからには、ケアの質を落とさない」を合言葉にして、お互いが励まし合いながら一日一日を乗り越えていきました。ところがそこに、「なぜ高線量地帯の飯舘村に残るのか」というマスコミが群がってきました。

　施設の周りにはカメラを持った取材陣がうろつくようになり、取材はいっさい断っているのに、駐車場から中の様子をうかがってカメラのレンズを向けました。中には、何も言わずに土足で施設に上がり込もうとするカメラマンもいました。さらに、ツイッターなどのSNSに投稿された「老人殺し」「利用者を殺す気か」といった罵詈雑言が職員を苦しめました。

　いいたてホームは、外の空間線量率が高くても施設内部の線量は問題ない場合、施設内部での生活がほとんどである利用者は、避難するよりも施設にとどまったほうがリスクは低いと判断して、計画的避難区域に「残る」という判断をしました。その当時は世間からの理解はなかなか得られなかったものの、いいたてホームの利用者は放射線被曝による被害を受けることなく、東日本大震災の前と変わらない生活を送ることができました。

参考文献

＊1　池田香代子・開沼博・児玉一八・清水修二・野口邦和・松本春野・安齋育郎・一ノ瀬正樹・大森真・越智小枝・小波秀雄・早野龍五・番場さち子・前田正治、しあわせになるための「福島差別」論、かもがわ出版（2017）.

＊2　Hayashi, F. *et al.*, Changes in the Mental Health Status of Adolescents Following the Fukushima Daiichi Nuclear Accident and Related Factors: Fukushima Health Management Survey, *J. Affect. Disord.*, Sep.10;260, pp.432〜439（2019

＊3　Orui, S. *et al.*, Factors Associated with Maintaining the Mental Health of Employees after the Fukushima Nuclear Disaster: Findings from Companies Located in the Evacuation Area, *Int. J. Environ. Res. Public Health*, Vol.14, No.10（2017）.

＊4　Ohira T. *et al.*, Effect of Evacuation on Body Weight After the Great East Japan Earthquake, *Am. J. Prev. Med.*, Vol.50, No.5, pp.553-560（2015）.

＊5　Takahashi, A. *et al.*, Effect of evacuation on liver function after the Fukushima Daiichi Nuclear Power Plant accident: The Fukushima Health Management Survey, *J. Epidemiology*, Vol.27, No.4, pp.180-185（2017）.

＊6　Sato, H. *et al.*, Evacuation is a risk factor for diabetes development among evacuees of the Great East Japan earthquake: A 4-year follow-up of the Fukushima Health Management Survey, *Diabates & Metabolism*, Vol.45, pp.312-315（2019）.

＊7　Hayashi, Y. *et al.*, The impact of evacuation on the incidence of chronic kidney disease after the Great East Japan Earthquake: The Fukushima Health Management Survey, *Clinc. Exp. Nephrology*, Vol.21, No.6, pp.995-1002（2017）.

＊8　Ohira, T. *et al.*, Evacuation and Risk of Hypertension After the Great East Japan Earthquake: The Fukushima Health Management Survey, *Hypertension*, Vol.68, No.3, pp.558-564（2016）.

＊9　一ノ瀬正樹、放射能問題の被害性—哲学は復興に向けて何を語れるか、**国際哲学研究**　別冊1　ポスト福島の哲学（2013）.

＊10　一ノ瀬正樹、いのちとリスクの哲学、MYU（2021）.

＊11　相川祐里奈、避難弱者、東洋経済新報社（2013）.

第3節　最大の被害は
子どもたちに起こった甲状腺がんの過剰診断

⑴ 子どもたちに起こった「何か悪いこと」は過剰診断だった

　福島第一原発事故のために、福島県の多くの人々が甚大な被害を被ってしまいました。そういった中で、事故で放出された放射性物質によって健康影響が出ると考えられる量の放射線被曝はしていない、ということが分かったのは不幸中の幸いでした。

　ところがその一方で、福島県の子どもたちに大変な問題が起こってしまいました。それは、甲状腺検査でがんが数多く発見され、過剰診断という深刻な問題が発生したことです。過剰診断とは、「治療せずに放置しても、生涯にわ

問題が発生したことです。過剰診断とは、「治療せずに放置しても、生涯にわたって何の害も出さない病気を見つけてしまうこと」です。福島第一原発事故がもたらした被害の中で、過剰診断はもっとも深刻なものともいえるでしょう。

　1986年4月に起こった旧ソ連・チェルノブイリ原発事故では、1990年頃から原発周辺で子どもたちに甲状腺がんが見つかるようになり、事故で放出された放射性ヨウ素（ヨウ素131）からの放射線被曝がその原因だと考えられました。そして、福島第一原発事故の後に福島でも甲状腺がんが増えるのではないかと考えられて、事故当時に0〜18歳だったすべての子どもたちを対象に甲状腺超音波検査が始まりました。その一方でこの検査が始まった頃には、子どもたちの甲状腺被曝量ががんの増加が考えられるレベルではなかったことも分かっていました。

　2011年に1巡目の検査が開始されると、2年間で100人を超える子どもたちに甲状腺がんが見つかりました。当時は子どもの甲状腺がんは非常にめずらしい病気と思われていましたから、福島の子どもたちに何か悪いことが起こっているのではないかという考えが広がっていきした。その何か悪いこととは、過剰診断のことだったのです。そして、何の症状もない子どもたちを対象にして超音波検査を行ったことが、その原因でした。

　福島県の甲状腺検査のように症状のない人に行う検査をスクリーニングといいますが、日本ではかつて、過剰診断の発生をふまえて中止になったスクリーニングがあります。それが神経芽腫スクリーニングです。この検査は簡便で、赤ちゃんの尿をろ紙に染み込ませて調べるだけでがんが見つけられることから、全国の自治体に広まって厚生省（当時）も検査への補助を開始しました。それによって無症状の赤ちゃんから次々と神経芽腫が見つかっていったのですが、死亡率はまったく変化しませんでした。この検査は、放置しておいても自然に小さくなる無害の神経芽腫を見つけただけ、すなわち過剰診断を起こしていたのです。

　こうしたことから国庫補助による検査事業は、2004年度に中止されました。その後、全国で神経芽腫の死亡率が調べられましたが、まったく増加しなかったことが確認されています。

　福島県の甲状腺検査も過剰診断の発生が明らかなのですから、見直しが行わ

れるべきでした。ところが何の議論もされることなく2巡目の検査が始められ、10年以上がたった今では5巡目の検査が行われています。そして、福島県で甲状腺がんの診断を受けた子どもたちは約300人に達しています。

⑵ 甲状腺がんは「がんの常識」がことごとく当てはまらない

甲状腺がんは、多くの方々が思い込んでいるがんの「常識」にことごとく当てはまりません。甲状腺がんは性質がおとなしいことが知られていて、その中でも子どもの甲状腺がんは特に性質がおとなしく、命を奪うことはほとんどありません。

がんに関する研究で明らかになったことの一つが、「がんの進行度には、大きなばらつきがある」ということです。すなわちがんには、「進行があまりにも速いため、すぐに症状が出て死に至るがん」から、「まったく進行せず、心配しなくていいがん」まで、成長速度がさまざまなものがあるのです。

これを単純化して描いたのが図4-6です。4本の矢印（①〜④）はがんを成長速度の違いで分類しており、いずれもがんが異常な細胞として成長を始める時点から始まっています[*1]。

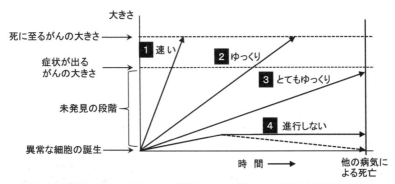

図4-6「進行のはやいがん」〜「進行しないがん」の進行する速さの違い
出典：Welch,H.G.& Black,W.C., *J.Natl.Cancer Inst.*, Vol.102, pp.605-613（2010）を一部改変

成長の速いがん（①）は、すぐに症状が出て死に至ってしまいます。スクリーニングを毎日のように行うわけにもいきませんから、こうしたがんは往々にして検査と検査の間に発生して見逃されてしまいます。一方、ゆっくりと成

長するがん（②）は、いずれは症状が出て死に至りますが、それまでに何年もの時間がかかります。したがって②のタイプのがんは、スクリーニングで最大のメリットを得ることができます。

　一方、成長があまりにゆっくりであるため、何の問題も引き起こさないがんもあります。このようながん（③）は、がんそのものが大きくなって症状が出てくるよりも前に、患者は別の病気で亡くなってしまいます。さらに、非進行性のがん（④）はまったく成長しないのですから、何の問題も起こりません。④も顕微鏡で見れば、がんの病理学的定義にあてはまる異常が見つかります。ところがこのようながんは、症状を起こすほど大きくはなりません。それどころか④の点線のように、いったん成長しても退縮するがんもあることが分かってきました。

　過剰診断は、「非常にゆっくり成長するがん（③）」や「非進行性のがん（④）」が見つかった場合に起こります。やっかいなのは、スクリーニング検査では①〜④のどれなのかがまったく区別できないことです。今のところ、ある人が過剰診断をされたかどうかが確実にわかるのは、「がんと診断されたけれども治療を受けなかった。その後はがんの症状が出ることもなく、最終的に他の何かの原因で亡くなった」という場合だけです。しかし、がんと診断されればほとんどの人は治療を受けるでしょうから、こういったことはめったに起きません。

　スクリーニングは「早期発見」のために行うと思っている人が多いようですがそうではなく、スクリーニングが有効なのは「集団全体において、そのがんの死亡率が低下した」ものだけです（図4-7）。

1	進行があまりにも速いため、すぐに症状が出て死に至ってしまう	
2	ゆっくり成長し、いずれは症状が出て死に至るものの、それまでに何年もの時間がかかる	スクリーニングが有効なのは **2** だけ
3	進行がとてもゆっくりで、生涯にわたって症状が出ない	ほとんどの甲状腺がんは
4	がんではあるが、まったく進行しない	**3** か **4**

図4-7 スクリーニングが有効ながんと、有効ではないがん
出典：Welch,H.G.& Black,W.C., *J.Natl.Cancer Inst.*, Vol.102, pp.605–613（2010）から作成

図4-7に示した4種類のがんのうち、スクリーニングが有効なのは②だけです。②はゆっくり成長し、症状が出て死に至るまでに何年もの時間がかかるからです。胃・大腸・肺・子宮頸部などのがんは②が多いので、スクリーニングによって症状が出る前に発見して治療すれば、がん死を減らすことができます。

　ところが甲状腺がんは、そのほとんどが③と④であることが分かってきました。したがって、スクリーニングは有効ではありません。まれに高齢者で①のタイプの未分化がんが見つかりますが、これもスクリーニングは有効でありません。

　日本人の甲状腺がんの大部分は「乳頭がん」というタイプで、「生存率が非常に高い」、「低危険度がんの進行はきわめて遅く、その多くは生涯にわたって人体に無害に経過する」、「若い人で見つかる乳頭がんは、ほとんどが低危険度がんである」というとても変わった性質があります。がんの「一般的な常識」がまったく通用しないといっていいでしょう。若い人のがんは一般的に、「進行が速く、予後が悪い」といわれています。ところが甲状腺がんは、若い人では特に予後が良く、命を奪うことはほとんどありません[*2]。

　亡くなった方の遺体を解剖して調べることを剖検といい、剖検で見つかるがんのことを潜在がんといいますが、甲状腺は潜在がんがとても多い臓器として知られます。フィンランドで剖検した人の35.6％で甲状腺がんが発見され[*3]、日本でも11.3～28.4％で潜在がんが見つかっています[*4,5]。こうしたことから、甲状腺がんがあっても寿命が尽きるまで何も起きないものが多い、ということが分かります。このような甲状腺がんを発見するのは無駄なだけではなく、過剰診断という重大な問題につながってしまいます。

(3) 甲状腺がんの「常識」は2014年に大きく変わった

　旧ソ連・チェルノブイリ原発事故の後、約6000人の子どもたちで甲状腺がんが発見されましたが、当時は過剰診断の問題は指摘されていませんでした。なぜかというと、2014年に甲状腺がんに関する重要な研究成果があいついで発表され、この年を境にして甲状腺がんの「常識」が大きく変わったからです。
　1つめは神戸市の隈病院（兵庫県神戸市）で行われた、驚くべき経過観察の

結果です。甲状腺乳頭がんのうち最大径が1cm以下のものを「微小がん」といい、最近はさまざまな画像検査によって、遠隔転移や局所浸潤のない微小がんが偶発的にたくさん見つかっています。宮内昭は、こうしたがんを見つけ次第手術することが、患者にとって本当に良いことなのかと疑問を持ちました。

宮内は、低リスクの微小がんはすぐに手術せず、経過観察することを治療の選択肢として提案し、それをふまえて同病院では1993年から経過観察が始まりました。約20年にわたって1235人の経過観察が行われ、その中で誰一人として甲状腺がんで亡くなった人はいませんでした。それだけではなく、がんが有意に成長した人もたった8％でした。癌研病院も1995年に経過観察を開始し、同様の結果を報告しています[*7]。

2つめは、韓国で起こった過剰診断に関する報告です（図4-8）[*8]。韓国では1999年から安価で超音波検診が受けられるようになり、甲状腺検査数も急増していきました。これに伴って甲状腺がんの発生率（ある集団で一定期間に疾病が発生した率。罹患率ともいいます）が急上昇していき、2011年には1993年の15倍に達しました。ところが増加したのはほとんどが予後の良い乳頭がんで、甲状腺がんによる死亡率は変わりませんでした。すなわち、微小がんをスクリーニングで見つけて手術で切除しても、甲状腺がんによる死は減らせなかったのです。

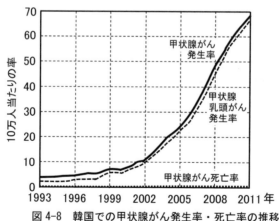

図4-8　韓国での甲状腺がん発生率・死亡率の推移
出典：Ahn,H.S. et al., N. Engl. J. Med., Vol.371, No.19, pp.1765-1767（2014）

韓国で明らかになったのは、症状がない人に甲状腺スクリーニング検査を片っ端から行うと、たくさんの過剰診断が発生するということです。その一方で、手術によって11％の人で副甲状腺機能低下症、２％で声帯につながる神経の損傷が発生するなど、深刻な後遺症が残りました。Ahn（ソウル大）らはこの教訓をふまえて、甲状腺スクリーニングは見直すべきだと指摘しました。

　アメリカでも同様のことが起こりました。検査技術の向上によって、それまでは検出できなかった微小サイズの甲状腺がんが見つかるようになった結果、甲状腺がんの発生率が上昇したのです。見つかったがんの 75％は１cm 以下の微小がんだったのに、ほとんどの患者は甲状腺をすべて摘出する手術を受けて、韓国と同じように後遺症が残ってしまいました。DaviesとWelchはこのような過剰診断を防ぐために、１cm以下の甲状腺乳頭がんはただちに異常所見とは分類すべきでないと指摘しました。[*9]

　甲状腺微小がんのうち、60％以上で頸部リンパ節への転移が顕微鏡で見つかったという論文も出されました。[*10]すなわち、微小がんはれっきとしたがんで早期に転移を起こすけれど、命を奪うようながんには成長しないのです。ここから分かることは、超音波でしか見つけられない微小ながんは手術するのは無駄である、ということです。

　2013年までは、小さな甲状腺がんが悪性化していって、がん死を引きおこすというのが「常識」でした。そのため、「早めに見つけて手術で取ってしまえばがん死は防げる」と考えられていました。ところが2014年になると、そういった考えは間違いであって、「甲状腺がんの多くは転移していても一生悪さをせず、こうしたがんは手術してはいけない」ということが、「新しい常識」になりました。

⑷ 被曝線量、年齢分布は放射線起因性のがんではないことを示す

　この章の第１節で、福島県民の実効線量が健康影響の出るレベルよりずっと低かったことを述べましたが、幸いなことに甲状腺等価線量も甲状腺がんが増えるとは考えられないレベルでした。

　国連科学委員会（UNSCEAR）は「2020年報告書」で、福島第一原発に近接した12市町村から避難した人々の事故直後１年間の甲状腺等価線量を、避難前

および避難中と、1年のうち残りの期間に避難先で被曝した線量を合計して推計しました（表4-3)。これと比較するために、チェルノブイリ原発事故後のベラルーシでの甲状腺等価線量も載せました（表4-4)。

表4-3　福島県内12市町村から避難した人々の事故直後1年間における
甲状腺等価線量の推定値

年 齢 層	避難前および 避難中	避 難 先	避難直後 1年間の合計
成　人	0.39〜15mSv	0.034〜3.2mSv	0.79〜15mSv
小児、10歳	0.62〜21mSv	0.072〜4.1mSv	1.6〜22mSv
幼児、1歳	0.78〜30mSv	0.087〜4.7mSv	2.2〜30mSv

注：福島第一原発に近接した12市町村（双葉町、広野町、浪江町、楢葉町、大熊町、富岡町、飯舘村、川俣町、南相馬市、田村市、川内村、葛尾村）。数値は自然放射線源からの被曝線量への上乗せ分であり、各市町村の平均線量の範囲を示す。住民一人ひとりが被曝した線量範囲を示したものではない

出典：国連科学委員会（UNSCEAR)、2020年報告書

　福島第一原発事故後の福島県民の甲状腺等価線量の推定値は、成人が0.79〜15 mSv、小児（10歳）は1.6〜22 mSv、幼児（1歳）は2.2〜30 mSvでした。一方、チェルノブイリ原発事故後のベラルーシでは、270万人の子どもたちの1.1％、すなわち約3万人が1 Sv（= 1000mSv。表4-4では吸収線量グレイ（Gy）で示していますが、1 Gy = 1 Svで換算しました）を超える被曝をして、最大は5900 mSvと推定されています。

　このように福島第一原発事故とチェルノブイリ原発事故では、甲状腺等価線量はおよそ2ケタの違いがあります。

表4-4　チェルノブイリ原発事故後のベラルーシにおける
年齢層別の甲状腺等価線量の分布

年 齢 層 （事故時）	甲状腺等価線量別の人口割合（％）					人 口 （百万人）
	0〜0.05Gy	0.05〜0.1Gy	0.1〜0.5Gy	0.5〜1Gy	1Gy以上	
幼児・少年少女	60.1	19.3	16.3	3.2	1.1	2.7
大　人	81.4	7.3	10.6	0.69	0.01	6.8
合　計	75.5	10.6	12.2	1.4	0.3	9.5

出典：A Quarter of a Century after the Chernobyl Catastrophe : Outcomes and Prospects for the Mitigation of Consequences（National Report of the Republic of Belarus, 2011）を一部改変

　図4-9は、チェルノブイリ原発と福島第一原発の事故後に見つかった甲状腺がんの、年齢分布を比較したものです。

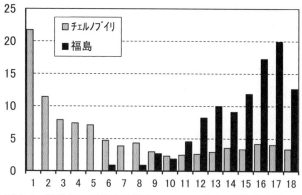

図4-9　福島第一原発事故後とチェルノブイリ原発事故後の
甲状腺がんの年齢分布の比較

出典：Williams,D., *Eur. Thyroid J.*, Vol.4, No.3, pp.164-173（2015）

　チェルノブイリ原発事故後は事故時の年齢が低いほど甲状腺がんがたくさん
見つかり、年齢が上がるにつれて減っています。ところが福島第一原発事故後
は、5歳以下で甲状腺がんは見つからず、10歳前後から年齢の上昇とともに甲
状腺がんが増えています。このように甲状腺がんの年齢分布も、2つの事故で
まったく異なっています。[14]

　なお、チェルノブイリ事故後の子どもの甲状腺がんの年齢分布をくわしく見
ると、10歳を超えるあたりから少しずつ増加するのが分かります。これは放射
線被曝とは関係がなく、年齢が上昇するにつれて増えてくる自然発生の甲状腺
がんによるものです。すなわちこのデータは、チェルノブイリ原発事故後にも
たくさんの過剰診断が起こっていたことを示しています。

　福島第一原発事故後に、甲状腺がんの存在率（ある時点での集団の中で病気の
人の数を、集団に属する人の総数で割った値。有病率ともいいます）と被曝量の関
係も調べられました。福島県を外部被曝線量が低い・中程度・高いという3つ
の地域に分け、それぞれの地域で甲状腺がんの存在率を比較していますが、も
し甲状腺がんが放射線被曝と関連しているのならば、被曝量が多い地域ほど存
在率が高いという関係（線量反応関係）が見られるはずです。ところがそのよ
うな線量反応関係はまったく見つかりませんでした。[15]

　また、被曝してから甲状腺がんが見つかるまでの間には、時間の遅れが見ら
れることが分かっています。そのためチェルノブイリ原発事故の後でも、4年

以内に甲状腺がんの過剰発生は見られていません。さらに、被曝線量が少ないほど時間の遅れが長くなることも知られています。ところが福島では、事故後4年以内ですでに甲状腺がんが見つかっています。このことも、被曝が原因ではないことを示します。

国連科学委員会「2020年報告書」は、こうした知見をふまえて次のように述べています。[*11]

・被曝線量の推定値から推測されうる甲状腺がんの発生を評価したところ、対象としたいずれの年齢層においても甲状腺がんの発生は見られそうにない。

・福島県の子どもたちの間で甲状腺がんの検出数が、予測と比較して大きく増加している原因は放射線被曝ではない。

・甲状腺がん発生率の増加は過剰診断（スクリーニングをしなければ検出されず、生涯にわたって症状や死を引き起こさない甲状腺がんを検出してしまった）が原因であることを示唆する。

⑸ 原発事故後に甲状腺スクリーニング検査を行ってはいけない

国連科学委員会をはじめ多くの専門機関は、福島県の子どもたちに見つかった甲状腺がんは放射線によるものではない判断しています。つまり、スクリーニングが原因であり、甲状腺がんの発見が過剰診断だったということです。このことはただちに、図4-10で示す重大な被害につながります。[*16]

1	小児甲状腺がんで命を取られることはまずないのに、世間一般では明日をも知れぬ命とみなされてしまう
2	10代でがん患者のレッテルを貼られたまま、進学、就職、結婚、出産といった人生の重大なイベントを乗り越えていくハンディは並大抵のものではない
3	子どもたちは人生のイベントごとに「手術しようか、どうしようか」と決断を迫られることになる
4	医学知識のない人に「放射線でがんになったのに、治療せずに放置するやっかいな子」と誤解され、就職や結婚に影響してしまう可能性がある
	過剰診断の被害は診断された時点で起こる。それは子どもに対する人権侵害であり、被害は極めて深刻である

図 4-10　小児甲状腺がんの過剰診断がもたらす重大な被害
出典：高野　徹, 日本リスク研究学会誌, Vol.28, No.2, pp.67-76（2019）から作成

したがって、学校で流れ作業のように超音波検査を行う、現在の甲状腺スクリーニングはただちに中止しなければなりません。また、甲状腺がんが見つかった子どもたちには、生涯にわたって公費による医療を行うことも必要です。

　こうした状況をふまえて国際がん研究機構（IARC）は2018年９月、「原発事故後の甲状腺スクリーニングを実施することは推奨しない」とする提言を出しました。つまり、もし今後に原発事故が発生したとしても、「福島県のような集団での甲状腺検査を行うべきではない」ということです。IARC提言は福島の検査には言及していませんが、その内容を読めば、甲状腺スクリーニングは中止すべきという意味だと直ちに判断できます。

　なお、もし甲状腺がんが放射線の影響によるものだとしても、スクリーニングで早期に見つければ過剰診断の被害が発生してしまいます。放射線が原因の子どもの甲状腺がんの性質も、自然発生の甲状腺がんの性質と何ら変わりはないからです。

　福島県の子どもたちに起こっている甲状腺がんの過剰診断という深刻な問題から引き出すべき教訓は、もし日本で今後、福島第一原発事故と同じような重大事故が起こったとしても、甲状腺スクリーニングは絶対に行ってはいけないということです。

　福島の甲状腺がん過剰診断問題についてより詳しく知りたい方には、以下の本をお勧めします。

・髙野徹・緑川早苗・大津留晶・菊池誠・児玉一八、福島の甲状腺検査と過剰診断——子どもたちのために何ができるか、あけび書房（2021）
・大津留晶・緑川早苗、みちしるべ——福島県「甲状腺検査」の疑問と不安に応えるために、POFF（2020）
・一ノ瀬正樹・児玉一八・小波秀雄・髙野徹・高橋久仁子・ナカイサヤカ・名取宏、科学リテラシーを磨くための７つの話——新型コロナから、がん、放射線まで、あけび書房（2022）

参考文献と注

* 1　Welch, H. G.& Black, W. C., Overdiagnosis in Cancer, *J. Natl. Cancer Inst.*, Vol.102, pp.605-613（2010）.

* 2　Takano, T., Natural history of thyroid cancer, *Endocr. J.*, Vol.64, No.3, pp.237-244（2017）.

* 3　Harach, H. R. *et al.*, Occult Papillary Carcinoma of the Thyroid: A "Normal" Finding in Finland. A Systematic Autopsy Study, *Cancer*, Vol.56, No.3, pp.531-538（1985）.

* 4　Fukunaga, F. H. *et al.*, Geographic Pathology of Occult Thyroid Carcinomas, *Cancer*, Vol. 36, pp.1095-1099（1975）.

* 5　Yamamoto, Y. *et al.*, Occult Papillary Carcinoma of the Thyroid: A Study of 408 Autopsy Cases, *Cancer*, Vol.65, No.5, pp.1173-1179（1990）.

* 6　Ito, Y. *et al.*, Patient Age Is Significantly Related to the Progression of Papillary Microcarcinoma of the Thyroid Under Observation, *Thyroid*, Vol.24, No.1, pp.27-34（2014）.

* 7　Sugitani, I. *et al.*, Three distinctly different kinds of papillary thyroid microcarcinoma should be recognized: our treatment strategies and outcomes, *World J. Surg.*, Vol.34, pp.1222-1231（2010）.

* 8　Ahn, H. S. *et al.*, Korea's Thyroid Cancer "Epidemic": Screening and Overdiagnosis, *N. Engl. J. Med.*, Vol.371, No.19, pp.1765-1767（2014）.

* 9　Davies, L. and Welch, H. G., Increasing Incidence of Thyroid Cancer in the United States, 1973-2002, *JAMA*, Vol.295, No.18, pp. 2164-2167（2006）.

* 10　Wada, N. *et al.*, Lymph Node Metastasis From 259 Papillary Thyroid Microcarcinomas: Frequency, Pattern of Occurrence and Recurrence, and Optimal Strategy for Neck Dissection, *Ann. Surg.*, Vol.237, pp.399～407（2003）

* 11　国連科学委員会（UNSCEAR）、2020年報告書.

A Quarter of a Century after the Chernobyl Catastrophe: Outcomes and Prospects for the Mitigation of Consequences（National Report of the Republic of Belarus, 2011）.

* 13　Williams, D., Thyroid Growth and Cancer, *Eur. Thyroid J.*, Vol.4, pp.164-173（2015）.

（2015）.

＊ 14 　事故後の最初の３年間に見つかった、事故時の年齢ごとの甲状腺がん症例の年齢分布を示します。それぞれで見つかった全甲状腺がん症例数に対する各年齢での症例数の割合を示しており、チェルノブイリと福島での甲状腺がんの発見数の比較はできません。

＊ 15 　Ohira, T. *et al.*, Comparison of childhood thyroid cancer prevalence among 3 areas based on external radiation dose after the Fukushima Daiichi nuclear power plant accident: The Fukushima health management survey, ***Medicine***, Aug;95（35）:e4472（2016）.

＊ 16 　高野徹、福島の甲状腺がんの過剰診断――なぜ発生し，なぜ拡大したか、**日本リスク研究学会誌**、第28巻、第２号、67-76頁（2019）.

第2部
原発で重大事故が起こった！
でき
る限りリスクを小さくするために、
どう判断 ・ 行動するか

第5章
日本の原子力防災対策は
事故時に役に立つのか
石川での30年にわたる防災計画・訓練の調査で分かったこと

　第1章〜第4章では原発事故が起こった時、命を守るために必要な知識についてご説明しました。ここからはそれをふまえて、実際に事故が起こったらどのような判断をしてどう行動すればいいのかについて考えます。

　筆者は、石川県・能登半島のほぼ中央部にある北陸電力・志賀原子力発電所（志賀原発）1号機の試運転開始前の1991年から、石川県原子力防災計画についての研究とこの計画に基づく訓練の視察を続けてきました。日本では北海道から九州まで13道県に原発が立地していますが、原子力防災計画はほとんど同じ内容になっていますから、志賀原発に対応した石川県の原子力防災計画・訓練の内容は他の道県にも当てはまると考えて差し支えないでしょう。

　この章では、石川県での30年以上にわたる原子力防災計画・訓練の研究・視察で明らかになったことについてお話しします。

第1節　原子力防災の考え方
── 欧米諸国と日本でどこが違っていたか

⑴炉心が損傷しても注水機能が復活すれば、すぐに事故は「収束」？

　福島第一原発事故が起こるまで、原子力防災訓練はどのような事故を想定して行われていたのでしょうか。以下にご紹介するのは、2010年3月17日に行われた第16回石川県原子力防災訓練の事故想定です。

7時25分	志賀原発1号機で原子炉圧力容器の圧力が上昇し、水位が低下したため、原子炉を手動停止した
8時55分	全ての非常用炉心冷却装置（ECCS）が使用できず、炉心冷却が不可能な状態になった
9時05分	首相が「原子炉緊急事態」を宣言
9時20分	原子炉の炉心が露出
10時45分	排気筒モニターの指示値が上昇。放射性物質の放出開始
11時15分	注水機能が復旧したので原子炉の水位が回復し、炉心冷却が可能になった
11時40分	首相が「原子炉緊急事態解除」を宣言

　原子炉が冷却不能になってから25分後に炉心が冷却水から露出し、さらにその1時間25分後には炉心損傷に伴って放射性物質が環境に漏れ始めるという想定です。ところが注水機能が回復したら、とたんに事故は収束に向かい、注水機能の復旧から25分後には事故は収まったというのです。福島第一原発事故の経過と対比すれば、「そんなに都合よくいくはずがない」と誰だって思うでしょう。

　第1章でお話ししたように、原子炉で核反応が停止しても、燃料棒の中にある放射性物質が大量の崩壊熱を出し続けているので、冷却しなければ炉心は溶融してしまいます。炉心の燃料が露出して空焚き状態になると、ジルコニウム合金でできた被覆管の温度が毎秒5～10℃ずつ上昇し、約1200℃を超えるとジルコニウムが水と反応して水素ガスが発生します（ジルコニウム－水反応）。これは発熱反応なので、起こり始めると温度上昇はさらに速くなります。約1800℃で被覆管は溶融し、水素ガスは格納容器内に漏れ出していき、空気中の水素濃度が4％を超えるとちょっとした火花などで引火して水素爆発を起こします。こうした水素爆発が、福島第一原発事故でも起こりました。さらに、被覆管がジルコニウム－水反応で脆くなったところにECCSから水が注入されると、熱衝撃による破断が起こります。そうなると被覆管はバラバラになって落ち葉が溝に詰まるように燃料棒の間に詰まってしまい、冷却できなくなってしまいます。[*1,2]

　1979年に発生したスリーマイル島原発事故では、ECCSを運転員が手動停止

したため、炉心が露出してしまいました。事故発生から約3時間半後にECCSを再起動して原子炉を水で満たしたものの、すでに炉心は重大な損傷を受けていて、その約45%（62トン（t））が溶融して20tは原子炉容器底部に落下したとされています[*1]。

2010年から31年も前に、このような事故の知見がありました。原子炉の炉心が露出すれば数分のうちに破壊が始まり、露出した状態で2時間も経過していたら炉心は重大な損傷を受けていると考えるべきでしょう。そうなれば注水機能が復旧したとしても、ただちに事故が収束するはずはありません。あまりに現実離れした事故想定といわざるを得ないのですが、このような想定で訓練が漫然と続けられてきたわけです[*3]。

⑵ 米ソでシビアアクシデントが起こったのに、「日本では起きない」

福島第一原発事故のような事故をシビアアクシデント（苛酷事故）といいますが、これは単なる大事故といったものではなく、「設計基準事故（DBA, Design Based Accident）を超える事故」という科学的な定義があります[*4]。

1960年代に原発の商業化が進み始めた頃、何重もの防護の仕組みと多くの安全装置があるから、設計基準事故を超えるような放射性物質を放出する大事故は起こらないとされていました。しかし、1970年代に多くの商業用原発が建設されるようになると、科学者や技術者から原発の大事故で多くの人が死んだり、汚染地域に人が住めなくなったりする危険があるという指摘が相次ぎました。そうした中でアメリカでは、ECCSが原発事故の際に有効に働くのか否かを実地で実験するLOFT計画が、1966年から始まりました。LOFT計画でECCSの有効性を示すことに失敗し、科学者や技術者の危惧は現実のものとなったにもかかわらず、アメリカ・原子力規制委員会（NRC）などは、そんな大事故が起こるのは隕石が人に当たるほどの小さい確率にすぎないと主張しました[*5]。

ところが1979年3月28日にスリーマイル島原発事故が起こり、原発は大事故を起こさないという「神話」は崩壊しました。この事故をふまえてヨーロッパ諸国やアメリカでは、シビアアクシデントをいかに防ぐかという安全研究が始まり、シビアアクシデントに対応した原子力防災対策が求められるようにな

りました。

　さらに1986年4月26日にはチェルノブイリ原発事故が発生します。ヨーロッパ諸国やアメリカでは、国際原子力機関（IAEA）を中心にしてシビアアクシデント対策が検討され、1990年代にはその対策がルール化されて、そのルールに基づいた国際的な安全協定も結ばれるようになっていきました。

　これに対して日本では、スリーマイル島原発事故を契機にして原子力防災計画が検討され、1980年6月に原子力防災指針[*6]が策定されたものの、実際の原発の安全審査では、「設計基準事故を超えるような事故は起きない。仮に重大事故や仮想事故を想定しても、原発敷地周辺住民が避難するような事故は起きない」とされていたので、国や電力会社が原子力防災計画を真剣に検討することはありませんでした。IAEAの国際安全諮問委員会は1988年3月、シビアアクシデントが起き得ることを前提にして原発の安全対策をとるよう勧告したのに、日本はこれも無視しました[*7]。2010年3月の石川県原子力防災訓練での現実離れした事故想定は、こういった流れの中で作られたものです。そして、2011年3月11日を迎えました。

(3) 現実の事故によって日本の原子力防災体制が崩壊

　東北地方太平洋沖地震の地震動を引き金にして、福島第一原発でシビアアクシデントが発生しました。東京電力（東電）は3月11日15時42分、原子力災害対策特別措置法（原災法）第10条に定める事態に陥ったと通報しました。その後、同1号機が全電源喪失によって冷却機能が失われたため、東電は16時36分に原災法第15条の原子力緊急事態に陥ったと判断し、16時45分にその通報を行いました。東電の第15条通報に基づいて、政府は同日19時03分に原子力緊急事態宣言を発令しました。原子力緊急事態宣言が発令されたのは、日本で初めてのことでした。

　その後、同日21時23分に福島第一原発1号機から半径3km圏内、12日5時44分に10km圏内、同日18時25分に20km圏内の住民に避難指示が出され、15日11時00分には半径20～30km圏の住民に屋内退避指示が出されました。

　原子力安全委員会「原子力施設等の防災対策について」は、「EPZ（防災対策を重点的に充実すべき地域の範囲）の目安は、原子力施設において十分な安全

対策がなされているにもかかわらず、あえて技術的に起こり得ないような事態まで仮定し、十分な余裕を持って原子力施設からの距離を定めたものである」として、原発の場合はEPZの目安を「半径約10km」としていました[*6]。

ところが現実のシビアアクシデントの発生に伴って、EPZを大きく超える20km圏内の住民に避難指示が出されたのでした。この瞬間、日本の原子力防災対策は崩壊したといえるでしょう。

参考文献

* 1 　舘野淳、廃炉時代が始まった、朝日新聞社 (2000).

* 2 　原子力ハンドブック編集委員会編、原子力ハンドブック、オーム社 (2007).

* 3 　児玉一八、活断層上の欠陥原子炉 志賀原発、東洋書店 (2013).

* 4 　舘野淳、シビアアクシデントの脅威、東洋書店 (2012).

* 5 　憂慮する科学者同盟、原発の安全性への疑問 ラスムッセン報告批判、水曜社 (1979).

* 6 　原子力安全委員会、原子力施設等の防災対策について (1980年 6 月策定、2010年 8 月最終改定).

* 7 　青柳長紀、苛酷事故と原子力防災、日本科学者会議シンポジウム「巨大地震と原発 —— 福島原発事故が意味するもの」、(2012).

第 2 節　崩壊した日本の原子力防災体制
—— 福島第一原発事故後にどこが変わったのか

(1) 福島第一原発事故後、計画区域が「10km」から「30km」に拡大

福島第一原発事故をふまえて、日本の原子力防災体制は図5-1のように変わりました。

福島第一原発事故後に改訂された原子力災害対策重点区域は、IAEAの定めた安全文書の考え方(事前対策を講じておく区域(PAZ、UPZ)、対策実施等の基準(EAL、OIL))を取り入れました[*1]。そして、事故前のEPZ(原発事故での目安は10km)を廃止して、「予防的防護措置を準備する区域(PAZ)」と「緊急防護

措置を準備する区域（UPZ）」を新たに設けました。ちなみに、PAZは「原子力施設から概ね5km」で放射性物質の環境への放出前に直ちに避難する区域、UPZは「概ね30km」で避難、屋内退避、安定ヨウ素剤の予備服用等を準備する区域とされています。

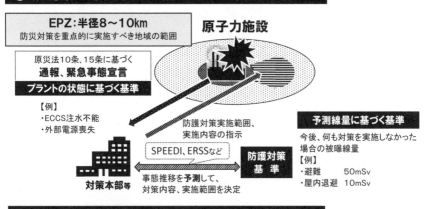

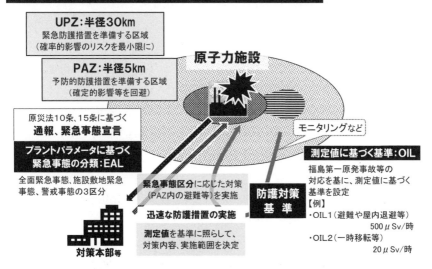

図5-1　福島第一原発事故の前後での原子力防災体制の変化
出典：日本原子力研究開発機構、我が国の新たな原子力災害対策の
　　　基本的な考え方について（2013）

これらの区域を設定した目的は、PAZは「重篤な確定的影響のリスクの制限」、UPZは「確率的影響等の低減」とされています。すなわちPAZは急性障害の発生、UPZは晩発障害であるがんの発生を想定しています（第3章第1節参照）。対象範囲の設定の理由については、PAZは「オンサイトでの線量に比べて1／10に減少」、UPZは「放出による濃度はPAZ境界での濃度に比べて1／10に低減」とされています。

　PAZの範囲の検討は確率論的手法に基づいて行われています。もともと確率論的手法は「Aの方法とBの方法のどちらがより安全か」といった比較には広く用いられてきましたが、「Aの方法で失敗するのは何回に1回か」というような設問は避けられています。確率の相対値はある信用度で得られるのですが、その絶対値は信用できないからです。このような欠点がある確率論的手法を、PAZの範囲設定（＝信頼できない絶対値）を求めることに用いるのは適切ではありません。

　一方UPZについては、福島第一原発事故の際にIAEAが定めるOIL（運用上の介入レベル。原発事故によって放射性物質が環境に放出された後、防護措置実施の判断を行う基準です）1の「1時間あたり1000マイクロシーベルト（1000μSv／時、避難等）」は概ね原発敷地内に収まり、OIL2の「100μSv／時（一時移転等）」以上となる地点は原発から概ね30km以内に収まっていることなどが、範囲設定の根拠とされています[*1]。このようにUPZの設定には福島第一原発事故のデータを用いていますが、これを超える事故が起こる可能性は否定できません。すなわち、UPZの範囲設定も適切とは考えられません。

　次に事故対策の実施にあたっての基準は、福島第一原発事故の前は、原発の状態（例えばECCSの注水不能、外部電源喪失）で緊急事態を区分していましたが、事故後は放射線測定値に基づく緊急事態の区分（EAL、緊急時活動レベル）に変わりました（図5-1）。

　EALは原子力施設の緊急事態区分で、以下のように分類されていて、PAZとUPZは最も深刻な全面緊急事態（EAL3）に対応します。

・警戒事態（EAL1：公衆への放射線による影響やおそれが緊急のものではない）
・施設敷地緊急事態（EAL2：放射線による影響をもたらす可能性がある。原災法10条の通報基準）

・全面緊急事態（EAL3：放射線による影響をもたらす可能性が高い。原災法15条（首相による原子力緊急事態宣言）の基準）

福島第一原発事故後に改訂された原子力防災対策をまとめると、以下のようになります。[*1]

① 「予防的防護措置を準備する区域（PAZ）」は原発から半径5km。原発の状態によって防護措置を判断し、放射線物質の放出前または直後に避難等を行う。
② 「緊急防護措置を準備する区域（UPZ）」は原発から半径5〜30km。原発の状態で判断した後、放射性物質の放出後の測定値で対策を決める。
③ 地上1mの空間線量率が500μSv／時を超えた場合は数時間以内に避難し、20μSv／時を超えた場合は1週間以内程度で一時移転する。

表5-1はPAZとUPZのそれぞれで、避難・屋内退避などの指示とその時期を、事態の進展ごとにまとめたものです。[*2]

表 5-1　原子力災害の進展と避難・屋内退避等の指示

事態の進展		PAZ（5km圏内）	UPZ（30km圏内）
発電所の状況	警戒事態 （大津波警報発表等）	要援護者の避難準備	
	施設敷地緊急事態 （原子炉冷却材の漏洩等）	要援護者の避難	
	全面緊急事態 （全炉心冷却機能喪失等）	住民の避難	避難準備及び屋内退避
緊急時モニタリングの状況	OIL2 （20μSv/時）		住民の避難（一時移転） （1週間程度以内に避難）
	OIL1 （500μSv/時）		住民の避難 （即時避難）

出典：石川県地域防災計画・原子力災害計画編（2015）

(2) 被曝状況による分類と放射線防護の原則

放射線被曝の防護対策の基本はICRP勧告（特に109、111）に書かれています。勧告109は「緊急時被曝状況における人びとの保護のための委員会勧告の適

用」、勧告111は「原子力事故または放射線緊急事態後の長期汚染地域に居住する人々の防護に対する委員会勧告の適用」となっています（図5-2）。[*3]

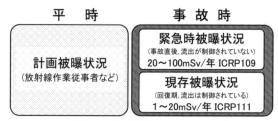

図5-2　被曝状況の３つのタイプ
出典：国際放射線防護委員会（ICRP）の勧告109、111から作成

　ICPRは被曝状況を、緊急時被曝状況・現存被曝状況・計画被曝状況の３つに分類して、それぞれの被曝状況に応じた線量制限の原則を勧告しています。この分類に基づく放射線防護はICRP勧告103で定式化されたもので、この勧告では「参考レベル」という新しい概念が盛り込まれました。参考レベルとは、被曝線量を最大限ここまでに抑えようという値であって、規制値や拘束値ではありません。[*4]

　まず計画被曝状況ですが、これは放射線源が管理された状況をいい、これに該当するのは放射線作業に従事する人が日常的に行う業務です。なお、ICRPは平時における一般人の線量限度を、１mSv／年と勧告しています。不幸にして原発事故などの原子力災害が起こってしまった場合、緊急時被曝状況では20〜100mSv／年、現存被曝状況では１〜20mSv／年の範囲の中で、できるだけ低いところで参考レベルを設定します。

　計画被曝状況では、①正当化の原則（被曝状況を変化させる決定は、常に害よりも便益を大きくする）、②最適化の原則（合理的に達成できる防護の中で、最善の方法を選ぶ）、③線量限度遵守の原則（線量限度を超えて被曝しない）の３原則に基づき、①→②→③の順で適用されてすべてがクリアされなければなりません。

　一方、緊急時被曝状況と現存被曝状況においては、放射線源は管理できていないので③は適用されず、代わりに参考レベルが適用されます。②で重要なのは「合理的に」ということで、最善の手段は必ずしも残存線量（＝予測線量−

回避線量）が一番低いものとはしていません。なぜかというと、福島第一原発事故の被災地の実情が明らかにしたように、「放射線被曝による被害」には背反する「放射線被曝を避けることによる被害」があって、一方を避けると他方を被るという関係性が成り立っているからです。[*5,6]

　福島第一原発事故以前の原子力防災訓練は、現実離れした事故想定に象徴されるように現実の事故の際には到底役に立ちそうもない代物でした。それでは、事故後に日本の原子力防災対策がこの節でお話ししたように改訂されたことで、原発周辺に住む人々の命を守る上で実効性のあるものに変わったのでしょうか。
　第3節からは、福島第一原発事故後に石川県で行われた原子力防災訓練の内容から、このことを検証します。

参考文献

＊1　日本原子力研究開発機構、我が国の新たな原子力災害対策の基本的な考え方について（2013）.

＊2　石川県、石川県地域防災計画・原子力災害計画編（2015）.

＊3　国際放射線防護委員会、勧告109および勧告111.

＊4　国際放射線防護委員会、勧告103.

＊5　一ノ瀬正樹、放射能問題の被害性―哲学は復興に向けて何を語れるか、**国際哲学研究　別冊1　ポスト福島の哲学**（2013）.

＊6　一ノ瀬正樹、いのちとリスクの哲学、MYU（2021）.

第3節　多くの人々がいっせいに避難
──本当にそれができるのか

⑴ 志賀原発で事故が起こったら30km圏の17万人が避難？

　福島第一原発事故後に原子力災害対策指針が改訂され、EPZの代わりにPAZ（原発から5km圏）とUPZ（同5〜30km圏）が設けられたことによって、原子力

図 5-3　日本の各原発から30km圏内の人口

防災重点区域を含む自治体は15道府県から21道府県に、市町村は45から135に、対象人口は改訂前の約7倍の480万人（一部重複）に増えました（図5-3）。

　原発の30km圏内には、人口が最も多い東海原発の約93万人から最も少ない東通原発の約7万人まで、たくさんの人々が住んでいます。志賀原発については、30km圏内に約17万人が生活していて、その内訳は石川県が約15万8000人、富山県が約1万2000人です。

　石川県は、志賀原発で原子力災害が発生した際に、市町単位で緊急避難するとしています（図5-4）。[*1]

　志賀原発以北については、約2万9000人（志賀町の約8200人、七尾市の約6400人、輪島市の約6200人、穴水町の約8100人）が奥能登の3市町（輪島市へ約6200人、珠洲市へ約8100人、能登町へ約1万4600人）に避難すると想定されています。志賀原発は能登半島で幅が最も狭い部分（東西で約12km）に立地しているので、原発以北の住民や観光客は原発の近くを通らなければ半島から脱出できません。したがって、シビアアクシデントが起こって大量の放射性物質が放出

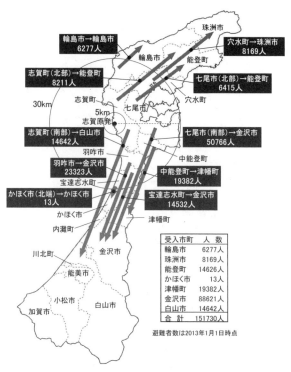

受入市町	人　数
輪島市	6277人
珠洲市	8169人
能登町	14626人
かほく市	13人
津幡町	19382人
金沢市	88621人
白山市	14642人
合　計	151730人

避難者数は2013年1月1日時点

図 5-4　志賀原発から30km圏内の石川県民の避難先
出典：石川県原子力防災計画から作成

された場合、多くの人たちが奥能登など原発以北に閉じ込められることが危惧
されます。

　原発から南に住む人々の避難にもさまざまな問題がありますが、中でも避難
道路の脆弱さは深刻です。図5-5は石川県原子力防災計画に記載されている避
難ルートであり、筆者はそのすべてを車で走ってきました。志賀原発30km圏
から南に避難する道路は、のと里山海道・国道・県道など４本ほどしかあり
ません。避難道路のうち、のと里山海道（太線）の羽咋市以南以外の道はいず
れも片側１車線で（2022年11月現在）、そのうち３分の１ほどは山地を通ってい
て、すれ違いができない狭い道路も少なくありません。

　図5-5には、避難道路の交通容量も書き込んであります。交通容量は、計算
上で自動車が円滑に流れることができる１時間あたりの通行可能台数の限度で
す。志賀原発30km圏内外の片側１車線の避難道路は、１時間にせいぜい700

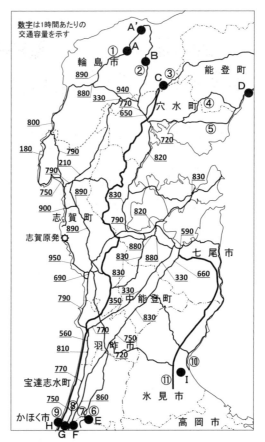

図 5-5　志賀原発周辺の避難道路と避難退域時検査場所
出典：石川県原子力防災計画、道路交通センサスから作成

〜 900台程度の車が通行できるにすぎず、狭い道路はわずか200〜300台程度しか通せません。[*2]

　大地震と原発のシビアアクシデントが同時に起こったならば、避難にも重大な影響が出ると推測されます。例えば、2007年３月に起こった能登半島地震はマグニチュードが6.9で、とても大きい地震というわけではなかったのですが、それでも能登半島の道路の多くが甚大な被害を受けて不通になりました。[*3]

　能登有料道路（当時、現在はのと里山海道）は地震直後、羽咋市内の柳田 IC以北が通行不能になり、全線復旧まで約１か月を要しました。能登有料道路の柳田 IC〜穴水 IC間（48.2km）と田鶴浜道路（4.8km）では、大規模な盛土崩壊

11か所など53か所で道路被害が発生し、被害額は97億6200万円に達しました。石川県が管理する国道・県道では56路線・273か所で落石・崩土・路肩決壊が発生し、市・町道でも8市町の391か所で被害が発生しました。

　志賀原発以外の各地の原発も、避難道路は同じような問題を抱えていると推測されます。

⑵ 避難退域時検査場所がボトルネックになってしまう

　30km圏内の住民が圏外に避難する際、30km圏境界から避難所までの間に設置される「避難退域時検査場所」で住民と車両の汚染検査・簡易除染が行われることになっています（表5-2）。表5-2の数字と記号は、図5-5の数字と記号にそれぞれ対応しています。

表5-2　志賀原発周辺の避難退域時検査場所

路　線　名	車両検査場所	住民検査場所
① 国道249号線	A　比丘尼丘ポケットパーク 　（輪島市縄又町）	A'　大屋小学校 体育館 　　（輪島市伊勢町）
② 主要地方道　七尾輪島線	B　三井地区運動公園 　（輪島市三井町長沢）	B　三井小学校 体育館 　（輪島市三井町興徳寺）
③ 一般県道 柏木穴水線 　（珠洲道路）	C　のと里山空港 駐車場 　（輪島市三井町州衛）	C　輪島市空港交流センター 　（輪島市三井町州衛）
④ 国道249号線 ⑤ 町道東部中央線	D　藤波運動公園 駐車場 　（能登町藤波）	D　藤波運動公園 屋内テニスコート 　（能登町藤波）
⑥ 国道471号線	E　旧押水放牧場 　（宝達志水町坪山）	G　県立看護大学 体育館 　（かほく市学園台）
⑦ 主要地方道　高松津幡線	F　瑞穂大橋詰 駐車場 　（かほく市二ツ屋）	
⑧ 国道159号線	G　県立看護大学 駐車場 　（かほく市学園台）	
⑨ 主要地方道　金沢田鶴浜線 　（のと里山海道）	H　高松サービスエリア 　（かほく市二ツ屋）	
⑩ 国道160号線 ⑪ 国道470号線（能越自動車道）	I　氷見運動公園 駐車場 　（富山県氷見市大浦新町）	I　氷見運動公園 B&G海洋センター 　（富山県氷見市大浦新町）

出典：石川県原子力防災計画から作成

　北に避難する場合は4か所（A・B・C・D）で車両検査、4か所（A'・B・C・D）で住民検査が行われます。南の場合、石川県内への避難では4か所（E・

F・G・H）で車両検査、1か所（G）で住民検査、富山県への避難では1か所（I）で車両検査、1か所（I）で住民検査が行われます。

　避難してきた多くの車両が、避難退域時検査場所に一挙に押し寄せてくると想定されるため、ここはボトルネック[*4]になってしまうと考えられます。毎年の原子力防災訓練で車両の汚染検査の様子を見ていると、ごく少ない台数でも車の列ができて検査を待つ状況になっています。原発で事故が起こったら、何百台～何千台といった多くの自動車が一気に押し寄せると考えられますから、避難退域時検査場所を先頭にして深刻な渋滞が発生するのは必至と思われます。また、避難道路はほとんどが片側1車線ですから、もし渋滞の最中に燃料が枯渇して動けなくなる車が発生したりすると、その車から後に並んだ車も動けなくなってしまうと推測されます（図5-6）[*6]。

図 5-6　避難退域時検査場所がボトルネックになってしまう

コラム 5-1
同じ町内でも
「原発から30km」を超えれば避難になる？

　志賀原発で原子力災害が起こったら、30km圏内に住んでいる住民は圏外だったらどこへ避難してもいいのかというと、そうではなくて、石川県原子力防災計画によれば町会・集落ごとに決められた避難先に行かなければなりません（表5-3）。

　PAZ（原発から5km圏内）に入っている志賀町の6地区のうち、上熊野・堀松・志加浦の町会・集落は白山市内の小中高・公民館・文化会館へ、福浦・富来・熊野は能登町の小中学校に避難することになっ

ています。住んでいるところから遠く離れているため、避難先がどこにあるかは一度でも行ってみないとなかなか分かりませんし、事故時に自動車やバスなどがいっせいに避難先に向かったら、たどりつけるかどうかも分かりません。さらに、これら避難先のほとんどは人が居住することを目的に建てられていませんから、第4章でお話ししたような「放射線被曝を避けることによる被害」が発生しやすいと推測されます。

表 5-3　町会・集落単位の避難先

自治体	地区名	町会・集落名		避 難 先	住 所
志賀町	上熊野	五里峠、大笹、牛ケ首、田原、米町、若葉台	白山市	白山市立北星中学校	平木町112-1
		松木、小室、直海別所、長田、直海中村、直海大釜、直海住宅、釈迦堂、直海高位		白山市立蕪城小学校	北安田町355
	堀松	志賀の郷、矢蔵谷		白山市郷公民館	田中町230
	志加浦	赤住、百浦、小浦、大津		石川県立松任高等学校	馬場1-100
		赤住(電力住宅、はまなす園)、ロイヤルシティ、志賀の郷住宅		白山市松任文化会館	古城町2
		安部屋営団、町、安部屋		白山市立松任中学校	末広2丁目1
	福浦	福浦港	能登町	旧三波小学校	波並21字2-1
	富来	富来牛下		能登町立能都中学校	藤波14字35
	熊野	中山、三明、中畠、豊後名、六実、荒屋、谷神		能登町立鵜川中学校	鵜川25字28
かほく市	二ツ屋	二ツ屋(30km圏内住家、事業所)	かほく市	二ツ屋公民館	二ツ屋ム21

出典：石川県、原子力防災のしおり（2014）を一部改変

　この表をよく見ると、どうにも腑に落ちないことがあります。表の一番下には、UPZ（原発から5〜30km圏）に入っているかほく市二ツ屋町が書かれています。30km圏内に自宅や仕事先がある人が、志賀原発で原子力災害が起こった時にどこに避難するかというと、同じ町内にある二ツ屋公民館です。要するに、二ツ屋町の中を志賀原発から30kmの同心円が通っているので、円の内側にいる人は境界線をまたいで外側に避難すればいい、ということなのです。

　こんな避難計画を作った人は、30kmの境界はガードレールのようなもので、「内側は危険だが、外側は安全」とでも思ったのでしょうか。原発から29.9kmに住んでいる人が30.1kmのところに避難して、どれほどの「効果」があるのでしょうか。原子力防災対策が机上で作られた「絵に描いた餅」であることを示唆するような、不可解な避難想定です。

参考文献と注

＊1　石川県、石川県地域防災計画・原子力防災計画編（2015）.

＊2　石川県、平成24年度道路交通センサス（2013）.

＊3　石川県、平成19年能登半島地震災害記録誌（2009）.

＊4　ボトルネックは「瓶の首」のことで、例えば川の幅が広いところから急に狭いところに入ると、流量が制限されて流れが滞ってしまいます。これと同じように、狭まった首の部分で制限を受けることを、ボトルネックといいます。

＊5　石川県、原子力防災のしおり（2014）.

＊6　石川県危機対策課から、「通常の交通量については道路交通センサスを使い、そこに住民避難の指示が出て避難に伴う自動車の台数が加わってくると想定し、さらに青柏祭（七尾市）や30km圏内の８月の日曜の入り込み客数を観光統計から推計し、そういった際の避難に要する時間をシミュレートした。その結果は、通常の状況では５km圏は６時間、30km圏は10時間15分となった。観光客が入り込んでいる際の推計では、８月の休日ピークに30km圏内に６万8000人の観光客がいるとした想定では、５km圏の避難は９時間、30km圏は11時間15分。５月に青柏祭が行われている想定では、青柏祭会場に４万人、30km圏内にこの時期の観光客として３万4000人がいるとした場合、５km圏では８時間45分、30km圏では11時間45分となった」と説明を聞きました（2014年11月27日）。

第4節　避難した住民の汚染検査
── 放射線の基礎知識が不可欠なのに

⑴ バスや乗用車で避難してきた人のうち「代表」だけ汚染を検査？

　30km圏内の住民が避難する際、30km圏境界付近の避難退域時検査場所で行われる検査の手順は図5-7のようになっています[1]。その中から左半分を抜き出して、問題点を示したのが図5-8です

　汚染検査と除染のやり方は原子力規制庁のマニュアルに書かれていて全国共通で、避難してきた住民は30km圏の出口付近で汚染検査と簡易除染を行い、その後に避難所に行くとされています。汚染検査の手順は図5-8のように、①

車両の一部の汚染検査を行う、②車両が汚染されていたら、乗っていた人の
「代表者」１人の汚染検査を行う、③「代表者」が汚染されていたら、車両に
乗っている人全員を検査する、という流れになっています。

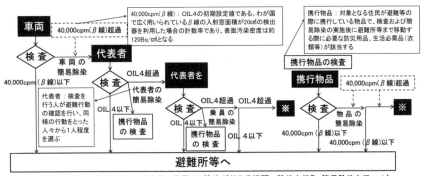

図 5-7　原子力災害における汚染検査の手順
出典：原子力規制庁、原子力災害時における避難退域時検査及び簡易除染マニュアル（2015）.

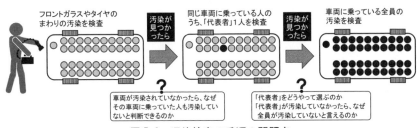

図 5-8　汚染検査の手順の問題点

この流れを見てみると、ただちに次のような疑問がわいてきます。

・車両が汚染されていなかったら、その車両に乗っていた人も汚染していな
　いと、なぜ判断できるのか。
・「代表者」とは、いったい何を代表しているのか。
・「代表者」が汚染していなかったら、車両に乗った他の住民も全員が汚染し
　ていないと、なぜ判断できるのか。

そもそも車両に乗った避難住民は、原発事故の後に屋内や屋外などそれぞれ別々のところにいて、別々の行動をしていて、別々のルートを通って車両にやってきたはずです。したがって、放射性物質による汚染に関してはそれぞれが全く異なった条件にあったわけですから、1人に「代表」させることはできないでしょう。

　原子力規制庁のマニュアルはこのことだけでなく、首をかしげてしまうことが少なからず見受けられます。避難がどのように行われるのかといった現場を見ることもなく、ただ頭の中でひねり出しただけという疑問が拭いきれません。

⑵ 放射性物質の汚染を広げてしまうのでは？

　避難退域時検査会場は体育館などに置かれることになっていて、図5-9のような配置になっています。

　30km圏内から避難してきた住民は、次のような流れで汚染検査・除染を行います。

・受付で、「避難退域時検査票」に氏名・性別・生年月日・住所・携帯電話番号を記入。
・一次スクリーニング。GMサーベイメータ（端窓式）で、顔面・頭部・手のひら・手の甲・靴底の汚染を検査する。
・一次スクリーニングで汚染が認められなかったら、避難所へ向かう。汚染が認められたら簡易除染（汚染箇所をウェットティッシュで拭い取る）を行う。
・二次スクリーニング。GMサーベイメータで除染できたか否かを検査する。除染できていなかったら、除染テントで全身を除染する。

　最初に目についた問題点は、避難してきた人々が椅子にすわって受付を待っている、ということです。汚染検査は、「放射性物質で汚染しているのか否か」を検査するのですから、その結果が分かるまでは「全員が汚染している可能性がある」と考える必要があります。ところが汚染検査をする前に椅子に座ってしまうと、もしお尻や背中などに放射性物質が付着している場合、放射性物質

が椅子を新たに汚染してしまい、その汚染した椅子に別の人が座れば、その人に汚染を広げてしまいます（図5-10）。

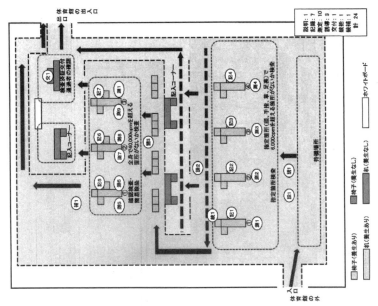

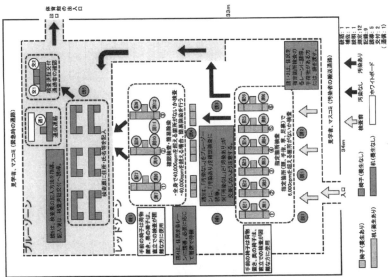

図 5-9　避難退域時検査会場の配置図（上は2020年（石川県立看護大学体育館）、下は2021年（WAJIMA MEMORIAL JYM体育館））．
出典：石川県原子力防災訓練資料．

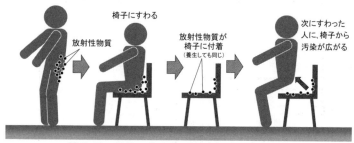

図5-10 椅子に座ると汚染が広がってしまう

　ちなみに2006年に起こった放射性物質ポロニウム210によるアレクサンド
ル・リトビネンコ氏（元ロシア連邦保安庁（FSB）中佐）暗殺事件では、ブリ
ティッシュ・エアウェイズの航空機の座席がポロニウム210で汚染し、その椅
子から汚染が多くの人に広がりました。最終的には、合計221便に搭乗した約
３万3000人に対して、英国保健省緊急窓口への連絡を要請したとされていま
す。[*2]

　筆者は、受付前の椅子にはこのような問題があることを、石川県の原子力防
災訓練を担当している部局に毎年、伝えてきました。すると石川県の説明は、
「避難してきた人たちを立ったまま待たせると疲れてしまうだろうから、椅子
を準備した」ということでした。そういった配慮は理解できないことではない
のですが、それならば訓練会場で避難してきた人たちに、「今日は椅子を用意
してありますが、これは立ったままだとお疲れになると思って準備しました。
しかし、実際の事故の場合は、放射性物質の汚染を拡大することにつながる可
能性がありますから、椅子は準備しないことになります」といった説明をすれ
ばいいことですし、石川県にもそのように伝えました。

　2020年の原子力防災訓練までは受付前の椅子が置かれていたのですが（図
5-11左・中）、2021年の訓練ではその椅子がありませんでした（図5-11右）。訓練
会場で県の担当者に聞いたところ、筆者が指摘したことをふまえて椅子は置か
ないようにしたとのことでした。図5-9の下を見ても、汚染拡大の原因になり
かねない待機場所をなくしていることが分かります。石川県のこの柔軟な対応
は、大いに評価できると思います。[*3]

図 5-11　2021年の訓練では椅子が撤去されていた

⑶ GMサーベイメータが正しく使われていないから、汚染を見つけられない

　GMサーベイメータ（放射線測定器の一種）は、正しく使わなければ正しい測定値は得られません。そして正しく使うためには、放射線の性質や放射性物質の挙動、サーベイメータの特性などを知っておく必要があります。原子力規制庁のマニュアル[*1]には、白川芳幸「サーベイメータの適切な使用のための応答実験」という論文が、参考文献として紹介されています[*4]。

　白川はGMサーベイメータについて、「一見、簡単な装置に思えるが、その性質を熟知していないと測定は容易ではない」、「表面汚染検査をする時には、サーベイメータの時定数[*5]を３秒にして、測定面から10mmほど離して、毎秒50mmほどのゆっくりした速さで動かす。指針が通常より振れたと感じた場合には、その場所で時定数を10秒に変えて、サーベイメータを静止させ、20秒から30秒待って指示値を読む」と書いています。なお、GMサーベイメータが放射線を検出するとスピーカーから音が出るようになっていて（モニタスピーカー音）、測定時にはこれを「ON」にしておく必要があります。指示値をいちいち見なくても、音で汚染の有無が分かるからです。

　これらを図示したのが、図5-12です。ところが原子力防災訓練では、このような使用上の留意点を端から無視した「測定」が漫然と続けられています。

　避難住民の汚染検査について、規制庁マニュアル[*1]は「検査対象の表面と検出部の距離を数cm以内に保ちながら、毎秒約10cmの速度でプローブを移動させる」と書いています。しかし白川は、「移動速度毎秒10cmでは、応答が小さすぎて熟練者以外では線源の存在を確認することは難しい。実際の汚染は実験に使用した線源より放射能強度（Bq、あるいはBq/cm²）が低く、発見は一層

難しいので、この速さを推奨しない」と明確に述べています。すなわち、毎秒10cmでは汚染を発見できないから、そのような速さでプローブを移動してはいけないということです。参考文献が「やってはいけない」というやり方をマニュアルに書くのは、やめるべきでしょう。

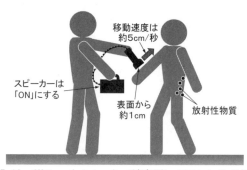

図 5-12　GMサーベイメータ（端窓型）の正しい取り扱い方
出典：白川芳幸、サーベイメータの適切な使用のための応答実験、Isotope News、
第635巻、19-24頁（2007）から作成

　規制庁マニュアル[*1]には、参考文献の明らかな誤読も見つかりました。このマニュアルの2015年8月26日修正版には、「約40,000cpmである線源を、時定数3秒、移動速度毎秒10cm、表面からの高さ10cmで計測した場合、GMサーベイメータの指示値は6,000cpm増加する」と書かれていて、その根拠として白川の論文[*4]が載っていました。ところが白川が書いているのは、先ほどご紹介したように「測定面から10mmほど離して」です。

　2017年1月30日に石川県危機対策課と懇談した時に、筆者は白川の論文と規制庁マニュアルを示しながら、「規制庁は参考文献を誤読しているのではないですか」と話しました。県からは「ここまできちんと資料を示されているので、こちらから関係のところに聞いてみます」との回答がありました。後日、規制庁マニュアルを確認したところ、2017年1月30日（筆者が石川県危機対策課と懇談した日と、なぜか同じでした）付の修正版がアップされていて、問題の記述は「検出部入射面との高さを10mmに保ち」に変更されていました。

　ところが原子力防災訓練では、このような規制庁マニュアルのやり方すら守られていません（図5-13）。避難住民の体の表面や衣服からプローブまでの距離が離れすぎているし、プローブを移動する速度も「毎秒10cm」を超えてい

ます。さらに測定箇所を見ずに、よそ見をしながら測定している検査員もしば
しば見られます。おまけに、「迅速性を損なわない必要がある」という理由で、
測定を行ったのは頭・顔・手のひらと甲・靴底だけです。放射性物質には意思
があって、これらの部位だけ選んで汚染してくれるというのでしょうか。

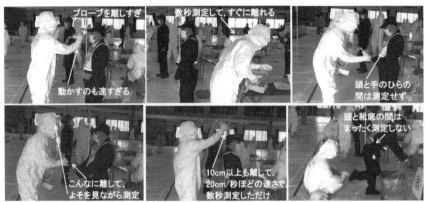

図5-13　石川県原子力防災訓練でのGMサーベイメータの操作法

　こんなやり方では、放射性物質の汚染を検出できるはずがありません。ちな
みに内閣府には防災業務関係者の汚染スクリーニング法について、「表面から
1cm程度離して、全身を一筆書きのように検査した後、後と側面も同様に検
査する」と書かれています。避難してきた住民の汚染検査も、「全身を一筆書
きのように検査」すべきだと考えます。
　GMサーベイメータによる汚染検査は、以下のように行う必要があります。

・モニタスピーカー音はONにする。
・プローブの窓面を身体表面から約1cm離して、全身を一筆書きのように漏
　れなく、ゆっくりとした速さ（毎秒5cm程度）で移動させる。
・頭部・顔・手のひらと甲、靴底といった部位ごとの測定値の記入は不要。
・汚染があるか否か、どこに汚染があるのかを調べることに集中する。

　このように、原子力規制庁のマニュアルは参考文献が「やってはいけない」
というやり方を書いているし、実際の訓練はそれすら無視したやり方で行われ

ているので、放射性物質の汚染があってもそれを検出できない可能性が高いと考えられます。要するに、図5-7に書かれた汚染検査の手順は、入り口のところですでに破綻しているということです。入り口からしてダメなわけですから、原子力規制庁のマニュアル[*1]は現実に事故が起こったらまったく役に立たないと考えて差し支えないでしょう。

⑷ 汚染の拡大を防ぐポリエチレンろ紙の表裏が逆に敷いてあった

2016年の石川県原子力防災訓練でのことですが、GMサーベイメータの取り扱いや簡易除染の方法についての県の担当者の説明が、「どうやらこの人は、GMサーベイメータを扱った経験がほとんどないのだろうな」と推測せざるを得ない内容でした。どうにも腑に落ちないことが少なからずあったので、筆者はその担当者（県医療対策課の職員）に聞いてみたところ、放射線や放射性物質に関する専門知識はまったくないといっていました。「それでスクリーニングや除染の説明ができるのか」とさらに聞くと、「国のマニュアル通りに行えば、誰でもできる」と答えていました。[*8]

ところが、放射線や放射性物質に関する知識がないと、とんでもない間違いをしてしまうことを示したのが、2019年の石川県原子力防災訓練で起こった「除染台のポリエチレンろ紙の裏敷き」です（図5-14）。

この年の訓練で、避難退域時検査訓練会場（石川県立看護大学体育館）を視察していたところ、簡易除染台に敷かれた「ポリエチレンろ紙」が何となくおかしいことが遠目に分かりました。近づいてよく見てみると、なんとポリエチレンろ紙の「表裏」が逆になって敷かれているのでした。

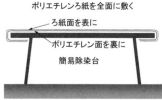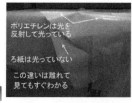

図5-14　ポリエチレンろ紙の正しい敷き方と石川県原子力防災訓練での「裏敷き」

非密封の放射性物質を扱う実験室などでは見慣れた風景ですが、そのような

実験台には必ずポリエチレンろ紙が敷いてあります。避難退域時検査訓練会場の簡易除染台にも、このポリエチレンろ紙を敷くことになっていました。

　ところで、ポリエチレンろ紙は「上層がろ紙、下層が防水用のポリエチレン」という構造になっているのですが、それがなぜかというと、放射性物質の溶液などがこぼれた時にろ紙でそれを吸収して、まわりに汚染を広げないためです。したがって、ポリエチレンろ紙を敷く時は必ず、ろ紙面を表にしなければなりません。ポリエチレン面を表に敷くと、放射性物質の汚染はかえって広がってしまいます。

　ところが2019年の訓練では、ポリエチレン面が表に敷かれていたのです。そうすると光を反射して光って見えるので、遠目で見ても「おかしいな」とすぐに分かります。それなのにこの初歩的な間違いに、ある大学からきていたアドバイザーも、除染台のまわりにいる15人ほどの放射線技師も、誰一人として気づいていませんでした。そこで筆者はアドバイザーに「これ、裏ではないですか」と話したのですが、そのとたんに慌てて敷き直しが始まりました。

　また、筆者は訓練でのポリエチレンろ紙の敷き方を毎年チェックしてきたのですが、以下のようにころころと変わっていました。

　2013年　敷かれておらず、除染台がむき出し
　2014年　除染台の半面だけに敷いた。ろ紙面が表
　2015年　除染台の全面に初めて敷かれた。ろ紙面が表
　2016年　敷かれておらず、除染台がむき出し
　2017年　除染台の全面に敷かれた。ろ紙面が表
　2018年　除染台の全面に敷かれた。ろ紙面が表
　2019年　全面に敷かれたが、ポリエチレン面が表（裏敷き）

　要するに、ポリエチレンろ紙がどのような物で、何のために敷くかが理解されないまま「適当に」敷いていたので、毎年の訓練でこのように敷き方がばらばらになったのではないかと推測します。2019年の訓練後に「裏敷き」を石川県に伝えたところ、翌年からは筆者が除染台のところに行くと担当者が「今年はちゃんと敷きました」と、こちらが聞いてもいないのに説明してもらえるようになりました。

⑸ 汚染を拡大しない、という認識が希薄

　原子力防災訓練をどのように行うかデザインしている部局が、どうやら放射線や放射性物質の基礎知識とは無縁らしいので、訓練の中では放射性物質による汚染を拡大する可能性がある行動などがほかにもいろいろ見られます。

　訓練では、受付・汚染検査・問診などの要員の足元に、私物のバッグや資機材を入れてあった箱などがいつも置いてあります。靴底などに付着して持ち込まれた放射性物質がこれらのものを汚染し、その汚染がさらに拡大する可能性がまったく想定されていません（図5-15）。

図5-15　床に物を置いてはいけないのに

　福島第一原発事故では、バスで避難した人の汚染検査を行ったところ、10万cpm（counts per minute、1分間あたりの放射線の計数値）を超えた人がいました。この人は靴を脱いで再測定した結果、4万cpm弱となりました。これは、この人が歩いたところの土壌が放射性物質で汚染していて、その土壌が付着して靴底を汚染したことを示します。このように汚染検査を行っている場所では、靴底などに付着した放射性物質による汚染が、不用意な動作で拡大してしまう可能性を想定して対策を行う必要があります。特に床は、必ず汚染していると考えなければなりません。

　避難退域時検査場所では、汚染エリアと非汚染エリアの分離も不十分です。筆者は2013年に石川県危機対策課から、2012年の原子力防災訓練の後に「汚染した人と汚染していない人がクロスする動線になっている」との指摘があったので、2013年訓練から「汚染エリアと非汚染エリアの分離を図った」との説明を聞きました。

　ところが2013年の避難退域時検査の訓練会場では、汚染エリアと非汚染エ

リアの境界がチェーンスタンド（鎖とスタンド）で区切られているだけでした。このことを石川県に伝えて、パネルや衝立など面的な広がりのあるもので2つのエリアを空間的に分離し、汚染エリアと非汚染エリアで床の色を変えるなどの対策を要望しました。ところがその後の訓練でも、汚染エリアと非汚染エリアの境界はあいかわらずチェーンスタンドで区切られているだけです（図5-16）。

図5-16　チェーンスタンドでは汚染拡大は防げない

　第4節では、毎年行われている原子力防災訓練を視察して目についた問題点について述べました。

　放射性物質の挙動や放射線の特性について熟知し、非密封の放射性物質の取り扱いにも習熟した専門家のアドバイスを受けながら、原子力防災訓練での一つひとつの動作に問題がないかを改めてチェックし、訓練全体のデザインを根本から見直す必要があります。そして、原子力防災計画やその実地訓練が、原発で重大事故が起こって放射性物質が放出された際に住民の命を守りうるものに、不断に改善していくことが大切です。

コラム 5-2
SPEEDIを復活させ、
緊急時情報として積極的に発信すべき

　緊急時迅速放射能影響予測システム（SPEEDI）は、原子力施設から大量の放射性物質が放出されたり、その恐れがあったりする緊急時に、周辺環境での放射性物質の大気中濃度や被曝線量などを、放出源

情報（原発からどんな放射性物質がどのくらい放出されたかという情報）・気象条件・地形データをもとに迅速に予測するコンピュータネットワークシステムです。

　原発でシビアアクシデントが起こったら、その直後に正確な放出源情報を得るのは極めて困難ですし、長い時間がたっても正確な放出量が分からないこともあり得ます。したがって、単位放出（放射性物質が1時間あたり1Bq（1Bq/時）で放出された場合）や仮想放出（例えば、原子炉内の放射性物質の全量が放出されると考える）で計算することが想定されています。福島第一原発事故でもSPEEDI計算センターは粛々とその計算を行い、結果は得られていました。

　SPEEDIの計算結果は地域住民や避難住民に届けられて、初めて意味のある情報になります。ところが福島第一原発事故後は、そうはなりませんでした。

　文部科学省（文科省）はSPEEDIで高濃度汚染の予測がでた福島県浪江町で実際に線量を観測して、計算結果の妥当性を検証しようとしました。派遣された文科省職員は、原発から約30kmの浪江町赤宇木で3月15日21時に330μSv/hを観測し、大急ぎで川俣町山木屋の公衆電話から本省にこの数値を報告しました。

　文科省はこの観測によって定性的にSPEEDI計算が正しいことを認識したのですが、文科省や官邸はこのような数値を公表すると避難民をパニックに陥れるという理屈で、SPEEDI情報も観測した数値も公表しませんでした。その結果、浜通りから中通りへ避難した住民の多くは、放射線量がより高い地域に避難所を設置して長期間滞まったり、その地域を経由して避難したりすることになってしまいました。

　さらに、SPEEDIデータは福島県の原子力安全対策課内の専用コンピュータ端末に届くことになっていたのですが、震災で回線が寸断されて機能しませんでした。そのため福島県は、2人の職員の個人アドレスに送るよう原子力安全技術センターに依頼しました。ところがメールの受信容量が小さかったので、2人の職員は殺到するメールの受信容量を確保するため過去のメールを削除してしまい、この時にSPEEDIのデータも消されました。[*9]

こんなことが起こったのは、住民が頭上から降り注ぐ放射性物質をできる限り避けるために、SPEEDIの計算結果を緊急時避難情報として積極的に情報発信するという姿勢が、国にも県にもまったくなかったからです。ところが国は、住民が迅速・的確にSPEEDI情報を利用できるように運用方法を変えるのではなくて、「緊急時における避難や一時移転等の防護措置の判断にあたって、SPEEDIによる計算結果は使用しない」として、SPEEDIのシステムを放棄しました[*10]。

　原発事故後のモニタリングが重要なことは論を待ちません。なぜなら、刻々と変わる状況を可能な限り正確に把握しなければ、避難や屋内退避といった行動の判断や除染などが始まらないからです。事故直後には定量的な予測シミュレーションを行うのが原理的に難しいのは当然ですが、だからといって単位放出や仮想放出での定性的な拡散予測シミュレーションの有用性・必要性を無視するのは間違っています。定性的なシミュレーション結果を事故後に迅速に公表することが、地域住民や避難住民の役に立つであろうことは、この分野の多くの研究者の間で一致しています[*9]。

　100億円以上を投じて開発したSPEEDIを復活させ、その計算結果を緊急情報として積極的に発信すべきだと考えます。

参考文献と注

＊1　原子力規制庁、原子力災害時における避難退避時検査及び簡易除染マニュアル（2015,2017）.

＊2　野口邦和、元ロシア連邦保安庁中佐のポロニウム「毒殺」事件のミステリー、**人間と環境**、第33巻、第1号、39-45頁（2007）.

＊3　筆者は毎年11月に行われる石川県原子力防災訓練を住民運動の人たちといっしょに視察し、その結果をふまえて石川県に訓練内容の改善を要望してきました。窓口となる県危機対策課から、「訓練を視察していろいろご指摘いただき、こちらにとっても参考になる点が多々あり、ありがとうございます」（2016年1月29日）といった回答をもらっています。2013年の訓練では、避難退域時検査会場の入口と出口が同じであるため、汚染していない人と汚染している人の動線がクロスするという問題に気づき、県にこのことを伝えました。2014年の訓練後の石川県と

の懇談で、県側から「昨年の訓練の後に指摘いただいたことをふまえて、今回の訓練では入口と出口を別にして動線を2方向にしました」（2014年12月5日）と回答がありました。また、2018年の懇談では、「除染台のポリエチレンろ紙について、昨年のご指摘をふまえて対応しました。そういったことを、またご教示いただけたらと思います」（2018年4月20日）との話がありました。

* 4　白川芳幸、サーベイメータの適切な使用のための応答実験、*Isotope news*、第635巻、19-24頁（2007）.

* 5　時定数が長いと、測定器の指針はゆっくり動いて、最終目盛に到達する時間が長くなります。

* 6　Bq（ベクレル）は放射能の強さの単位で、放射性物質が1秒あたりに崩壊する数を表します。ですから放射性物質の測定では、測定しているところにどれくらいの放射性物質があるかを示します。また、Bq/cm^2は単位面積（1 cm^2）あたりにどれくらいの放射性物質があるかを示します。

* 7　内閣府、原子力災害時における防災業務関係者のための防護装備及び放射線測定器の使用方法について（2017）.

* 8　石川県原子力防災訓練では、放射性物質による汚染があった住民は、ウェットティッシュで拭い取ることによって除染しています。避難退域時検査除染訓練を視察した筆者は、その会場で訓練前の要員に対する説明を聞いていました（2016年11月20日）。説明者（石川県医療対策課）は、右の手のひらが汚染していた場合、住民は左手で容器からウェットティッシュを取り出して、汚染箇所の周囲から体の中心に向かって一方向に、1枚のウェットティッシュで1回だけ拭い取りを行うと説明しました。それに対して要員の一人から、「両手が汚染した人が来たら、どう対応すればいいのか」という質問が出たのですが、それに対する説明者の回答は「そういう人は来ない想定だ」でした。ちなみにこの説明員は、「国のマニュアル通りに行えば、誰でもできる」と答えたのと同じ人です。

* 9　佐藤康雄、放射能拡散予測システム SPEEDI、東洋書店（2012）.

* 10　原子力規制委員会、緊急時迅速放射能影響予測システム（SPEEDI）の運用について（2014）.

第5節　屋内退避——施設の備えや広さは十分なのか

⑴屋内退避施設とは

　高齢者や障害者など避難することに困難を抱えた方々（要配慮者）は、避難行動が生命の危険をもたらす場合があります。そのため５km圏内の住民でも、遮蔽効果や気密性が高いコンクリートの建物内に屋内退避することが有効とされています。また５〜30km圏の住民は、吸入による内部被曝のリスクをできる限り低くおさえ、避難行動による危険を避けるために、まずは屋内退避することが基本になっています。[*1,2]

　屋内退避施設は、既存・新設のコンクリートの建物に、次のような放射線防護対策をしています（図5-17）。

・放射性物質除去フィルターを備えた給気装置で防護エリア内を陽圧にし、外部からの放射性物質の侵入を抑える。
・防護エリア内の陽圧を維持するため、窓とドアを高気密性にし、防護エリア出入り口に前室を設置する。
・防護エリア内部と外部の放射線量を測定するため、モニタリングポストを設置する。
・建物の外と放射性物質捕集後のフィルターからの放射線を遮蔽するため、鉛入りカーテンと鉛入りボードを設置する。

　志賀原発周辺の７市町には2022年現在、20の屋内退避施設が整備されています（図5-18、図5-19、表5-4）。筆者は2016年５月から19施設（ラピア鹿島を除く）の見学と、各市町の原子力防災担当部局へのアンケート調査と対面での聞き取りを行いました。

図 5-17　屋内退避施設の模式図

図 5-18　志賀原発周辺の屋内退避施設

表 5-4　志賀原発周辺の屋内退避施設

市　町	施　設　名	所　在　地	施設管理者
志賀町	特別養護老人ホームはまなす園	志賀町赤住ハ-4-1	社会福祉法人はまなす園
	志賀町総合武道館	志賀町町への1-1	志賀町
	旧福浦小学校	志賀町福浦港4-4-2	志賀町
	町立富来病院	志賀町富来地頭町7の110番地の1	志賀町病院事業管理者
	志賀町地域交流センター	志賀町西山台1丁目1	志賀町
	志賀町文化ホール	志賀町高浜町カの1番地1	志賀町
	志賀町立富来小学校	志賀町相神にの80番地	志賀町
	旧下甘田保育園	志賀町二所宮ノの59番地2	志賀町
	富来防災センター	志賀町富来高田2の41番地	志賀町
	旧土田小学校	志賀町仏木マの4番地	志賀町
	稗造防災センター	志賀町今田2の15番地	志賀町
	西浦防災センター	志賀町鹿島との122番地1	志賀町
七尾市	公立能登総合病院	七尾市藤橋町ア部6番地4	七尾市病院事業管理者
	七尾市豊川公民館	七尾市中島町豊田町ル13-1	豊川公民館
輪島市	剱地交流センター(旧剱地中学校)	輪島市門前町剱地ソ-13	輪島市
羽咋市	公立羽咋病院	羽咋市的場町松崎24	羽咋市病院事業管理者
	羽咋市立邑知中学校	羽咋市飯山町ホ57番地	羽咋市
宝達志水町	町民センター「アステラス」	宝達志水町門前サ11番地	宝達志水町
中能登町	生涯学習センター「ラピア鹿島」	中能登町井田に部50番地	中能登町
穴水町	公立穴水病院	穴水町字川島タ9	穴水町病院事業管理者

図 5-19　屋内退避施設の一例

⑵国は施設整備の詳細な指針を示さず、1施設2億円を出しただけ

　既存のコンクリート製の建物に放射線防護対策を行って屋内退避施設とする場合、改修費用は1施設あたり約2億円です。表5-4で富来防災センター・稗造防災センター・西浦防災センターが新築で、それ以外の17施設は既存の建物を改修しています。

　屋内退避施設の見学でまず気がついたのは、防護エリアの陽圧の設定値や鉛入りカーテンの設置の有無・仕様などが異なっていることです（表5-5）。

表5-5　志賀原発周辺の屋内退避施設の仕様

市　町	施　設　名	収容可能人数(人)	要配慮者数(人)	介助者数(人)	陽圧設定値(Pa)	鉛入りカーテン	トイレ
志賀町	特別養護老人ホームはまなす園	150	100	50	50	含鉛ビニールレザー	あ る
	志賀町総合武道館	130	80	50	150	鉛板重層	あ る
	旧福浦小学校	93	50	43	150	鉛板重層	ない(簡易トイレ)
	町立富来病院	70	40	30	150	含鉛ビニールレザー	あ る
	志賀町地域交流センター	174	120	54	150	含鉛ビニールレザー	あ る
	志賀町文化ホール	100	60	40	150	含鉛ビニールレザー	あ る
	志賀町立富来小学校	150	100	50	150	含鉛ビニールレザー	あ る
	旧下甘田保育園	100	50	50	150	含鉛ビニールレザー	あ る
	富来防災センター	150	75	75	150	含鉛ビニールレザー	あ る
	旧土田小学校	130	65	65	150	含鉛ビニールレザー	あ る
	稗造防災センター	70	35	35	150	含鉛ビニールレザー	あ る
	西浦防災センター	100			150	含鉛ビニールレザー	あ る
七尾市	公立能登総合病院	100	未定	未定	75	含鉛ビニールレザー	あ る
	七尾市豊川公民館	109	105		70	含鉛ビニールレザー	あ る
輪島市	剱地交流センター(旧剱地中学校)	120	50	10	75	な い	あ る
羽咋市	公立羽咋病院	16	10	6	150	な い	あ る
	羽咋市立邑知中学校	250	120	130	100	な い	あ る
宝達志水町	町民センター「アステラス」	110	55	55	150	な い	あ る
中能登町	生涯学習センター「ラピア鹿島」	150	150		75	鉛板重層	ない(簡易トイレ)
穴水町	公立穴水病院	130	100	30	150	な い	あ る

　各市町などの担当者にそのことを尋ねたところ、次のような回答がありました。

　「国から屋内退避施設を作るよう指示はあったが、どのようなものを作るかという指針があったわけではない」
　「放射線防護施設の整備について、国の基準が定まらないのに整備予算がきた。施設を整備したが、これでいいのかと不安だった。陽圧を設定したが、基準があったらもう少しやりやすかった」
　「どういう方針でやればいいか、手探りだった。2億円の整備予算がどう

だったかというと、まずは金額ありきということではなかったか」

　こうしたことから、国はどんな屋内退避施設を整備するかという詳細な指針は後回しにして、1施設2億円の予算だけ支出して「屋内退避施設を整備した」という実績だけを自治体に求めたのではないかと推測されます。
　また、懇談した防災担当者からは、次のようなことも聞きました。

　「施設を整備する際に、県に2階だと予めいっていたのに、会計検査院に『なぜ2階だ。要援護者はどうやって上がるのだ』といわれた」
　「県を通じて要望を国にあげると、違ったものが返ってくる。トイレや手すり、スロープがあった方がいいと意見をあげたら、まずは陽圧だという回答があった。段差解消のためのスロープは、市町の単独事業で支出した」

　ある学校は屋内退避施設の整備にあたって、鉛入りカーテンの設置を検討したのですが、学校はもともと採光のために窓が多くて広いため、多数のカーテン設置が必要となりました。さらに鉛が入っているので重いカーテンを取り付けるには、壁の補強も必要となります。こうした改修を行うには2億円では到底足りず、設置は結局、断念となったということでした。
　また、防護エリア内にトイレがない施設で話をうかがったところ、「整備予算は限られたものなので、既設の建物を活用するしかない。整備した空間にトイレはないことはわかっているが、作りたくてもその予算では作れない」との説明を聞きました。
　中途半端な金額ではなく、国は実効性のある放射線防護対策を実施するのに必要な予算を出すべきだと考えます。

(3) 収容人数や移送手段、備蓄にもいろいろ問題が

　表5-5には、それぞれの屋内退避施設の収容人数も書いてあります。要配慮者は自力で移動するのが困難な人ですから、介助者の援助が欠かせません。したがって、これらの施設に移動するためには、要配慮者1人につき少なくとも1人の介助者の同行が必要となります。だとすれば、収容可能な人数に占める

要配慮者と介助者の割合は１：１に近くなるはずです。

　ところが、ほとんどの施設で要配慮者数が介助者数を大きく上回っていて、要配慮者だけで収容可能人数に達する施設もあります。このことを各市町などに質問したところ、「要配慮者の数をまず入れて、収容可能人数からそれを引いた残りの数が介助者の人数となっている」、「介助者がいっしょに来るのは当然のことで、来たら拒むことはない」ということでした。

　また市町の担当者から、「町全体だともっと多くの人数になる。要配慮者の屋内退避施設への退避について、どの地域の人を受け入れるのか国・県は具体的にいっていない」との説明もありました。国や県は、地域ごとに要配慮者を十分に受け入れられる施設を整備すべきと考えます。

　要配慮者を屋内退避施設に移送する態勢にも、多くの問題があるようです。交通手段は、自治体が保有する車両ではまったく足りず、自家用車に頼らざるを得ないことで各市町の認識は共通していました。また、避難行動要配慮者名簿（原子力災害だけでなく、地震や台風などの災害でも使う）は整備されていても、「誰が誰を連れていく」までにここに書かれておらず、個人情報の扱いの問題もあっていずれの市町も悩んでいるようでした。

　屋内退避施設には、要配慮者と介助者などが３〜７日程度滞在するために、長期保存食・水・寝袋・エアマット、衛生品（ウェットタオル、使い捨てのシーツやゴム手袋、紙オムツなど）が備蓄されています。

　備蓄品の予算は国が支出していますが、収容する人数にかかわらず１施設300万円で一律です。ある市町の担当者からは、「300万円で買えるものしか備蓄できない。カロリーバランス食を備蓄している自治体もあるが、１人３日分で１万円ほどかかる。施設の収容可能人数250人でそれを備蓄すると、残りは50万円しかなくなる。とても満足に備蓄はできない」と聞きました。

　収容可能人数が多いから備蓄品が手薄になるということではなくて、必要な備蓄品をそろえるのに必要な予算を国は出すべきでしょう。また、屋内退避の期間がはたして３日で足りるのかどうかについても、検討する必要があると思われます。

参考文献と注

　＊１　原子力規制委員会「原子力災害時の防護措置の考え方」（2016）は、「PAZ圏

内のような施設の近くの住民は、プルームによる内部被曝だけではなく、プルームや沈着核種からの高線量の外部被曝を含めた影響を避けるため、放射性物質が放出される前から予防的に避難することを基本として考えるべきである。ただし、この場合であっても、避難行動に伴う健康影響を勘案して、特に高齢者や傷病者等の要配慮者については、近傍の遮へい効果や気密性が高いコンクリート建屋の中で屋内退避を行うことが有効である。一方で、比較的施設から距離の離れたUPZ圏内においては、吸入による内部被曝のリスクをできる限り低く抑え、避難行動による危険を避けるためにも、まずは屋内退避をとることを基本とすべきである」としています。

＊2　石川県「石川県避難計画要綱」（2013）は屋内退避について、「屋内退避は、避難の指示等が行われるまでや、避難又は一時移転が困難な場合に行うものである。特に、病院や社会福祉施設等においては、搬送に伴うリスクを勘案すると、早急に避難することが適当ではなく、搬送先の受入準備が整うまで、一時的に施設等に屋内退避を続けることが有効な放射線防護措置であることに留意する。この場合は、一般的に遮へい効果や気密性が比較的高いコンクリート建屋への屋内退避が有効である」と説明しています。

第6章

原子力防災対策と感染症対策は
両立できるのか

　2019年12月に中国で初めて検出された新型コロナウイルス感染症（以下、新型コロナ）は、瞬く間に世界中に感染が拡大していきました。日本では2020年2月にクルーズ船で起こった集団感染がきっかけになって注目されるようになり、患者数が急増していきました。

　新型コロナは、原子力防災対策にも深刻な影響を与えました。なぜなら、放射線防護対策と新型コロナ対策は、相互に矛盾して両立しないものが多いからです。

　2020年の原子力防災訓練では、放射線防護対策と新型コロナ感染対策の両立の困難性が浮き彫りになりました。訓練でどのようなことが起こったのかを見ながら、感染症流行時の原子力防災対策をどうすればいいか考えます。

第1節　新型コロナ流行で一変した原子力防災訓練

(1) 2020年の原子力防災訓練はどうだったのか

　厚生労働省は2020年3月、新型コロナウイルスの集団感染（クラスター発生）の共通点として、①換気が悪く、②人が密に集まって過ごすような空間、③不特定多数の人が接触するおそれが高い場所、の3つをあげました。その上で、感染拡大を防ぐために「密閉・密集・密接」（三密）を避けるよう要請しました。[*1]

　ところが原発事故が起こった際の放射線防護対策において、上記の①〜③を

避けるのはとても困難です。例えば屋内退避は、遮蔽効果や気密性が高いコンクリートの建物にこもることです。原発から放出された放射性物質が建物の外をただよっている場合、換気すればそれが建物の中に入ってきます。それを防ぐために、屋内退避施設は窓やドアを高気密性にして、エリア内にフィルターを通した空気を導入して陽圧にします。ところが、このような被曝対策はいずれも、新型コロナウイルスの感染を拡大するものになってしまいます。また、屋内退避施設は「人が密に集まって過ごすような空間」であり、「不特定多数の人が接触するおそれが高い場所」にほかなりません。

　新型コロナ感染症流行時の全国初の原子力防災訓練は、福井県で大飯原発3号機、高浜原発4号機の同時事故を想定して2020年8月27日に行われました。2019年訓練には約1800人が参加しましたが、2020年は新型コロナ感染リスク対策ということで約300人に縮小されました。^{*2-4}

　大飯原発から5km圏内の一時集合施設では、避難してきた住民を非接触型体温計で検温した後、1か所しかない入口を咳や発熱などの症状がある人と濃厚接触者・それ以外の人を間仕切り（高さ1.8mの段ボール）で区分して、それぞれ別の部屋に誘導しました。それ以外の人はテント1基に1人ずつ入って、バスでの避難まで待機しました。なお、検温時に炎天下の行列で待っていたため、待っているあいだに体温が上がってしまう人もいました。

　バスによる避難は、「三密」を防ぐために座る座席の間隔をとったので、27人の避難に4台のバスが必要となりました。新型コロナ感染が疑われる（役の）人が乗ったバスは、感染が広がるのを防ぐために座席をビニールで覆い、運転手や補助員は防護服とゴーグルを着用しました。高浜・大飯両原発から5km圏内の避難には従来、バス100台以上が必要と見込まれていましたから、新型コロナ流行時はそれを大きく上回る台数が必要になります（図6-1）。

　福井県以外の原発立地道県などでは、2020年10〜11月に以下の訓練が行われています。

・北海道（泊原発の事故を想定）、2020年10月31日実施。道と30km圏13町村が主催し、住民約2900人が参加した（前回の約4分の1）。屋内退避訓練では、体調不良の人はテント内に入り、発熱・症状のない人は段ボールの簡易ベッドを自分で組み立ててそこに滞在した。^{*5}

・新潟県（柏崎刈羽原発7号機の事故を想定）、2020年11月20、21、24日実施。原発から30km圏の住民・自治体・内閣府・東電など約10万人が参加。20日はPAZ（原発から5km圏）内の小学校（児童数46人）で児童の保護者への引きわたし訓練を行い、保護者が迎えに来られない子はバス2台で避難した。24日は原発から30km圏内の住民の屋内退避訓練、一時移転訓練、スクリーニング・簡易除染訓練等を行った。[*6.7]

・島根県（島根原発の事故を想定）、2020年10月15、28、31日実施。新型コロナ感染拡大防止のため、住民は参加しなかった。[*8]

・愛媛県、大分県（伊方原発3号機の事故を想定）、2020年10月23日実施。伊方町民13人と愛媛県・伊方町職員が海路（伊方町・三崎港〜大分市・佐賀関港）で避難した。[*9]

・佐賀県（玄海原発4号機の事故を想定）、2020年11月7日実施。新型コロナ感染拡大防止のため参加者数を少なくして行った。バスなどによる避難訓練には112人（前年の約5分の1）が参加し、体温測定の後、座席の間隔をあけて乗車した。唐津市では感染者をアイソレーター（隔離して患者を搬送する器具）に収容し、海上保安庁の船で離島から唐津東港に移送する訓練を行った。[*10]

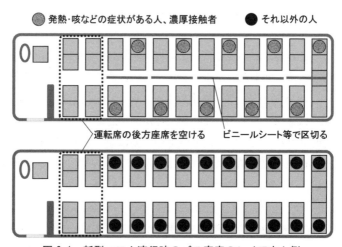

図 6-1　新型コロナ流行時のバス座席のレイアウト例
出典：内閣府、新型コロナウイルス感染拡大を踏まえた感染症の流行下での原子力災害時における防護措置の実施ガイドライン（2020）

石川県では2020年11月22日に原子力防災訓練が行われ、筆者はこれを視察しました。その内容は本章第2節でご紹介します。

⑵ いつもは「横並び」の訓練が
##　 2020年はなぜ道府県によって違ったのか

　原発立地道県や隣接府県の原子力防災計画は、ほとんどが「横並び」で同じような内容になっていて、訓練もそれに基づいていますからこれまた「横並び」です。ところが2020年の原子力防災訓練は、住民参加がない県もあれば、人数は減らしたものの住民が参加した道県もありました。各道府県が自分で考えて、それぞれが独自に判断して訓練を行うことは望ましいことなのですが、2020年に違った内容になったのは新型コロナ流行時の原子力防災に関する国の考え方が定まっていなかったからです。

　内閣府は2020年6月2日に、新型コロナ流行下の原子力災害時の防護措置の考え方に関する1ページの短い文書を出しました。その内容は以下のようなものです。[*11]

・感染拡大・予防対策を十分考慮した上で、避難や屋内退避等の各種防護措置を行う。
・避難または一時移転を行う場合には、その過程や避難先等での感染拡大を防ぐため、避難所・避難車両等において感染者とそれ以外の人の分離、人と人との距離の確保、マスクの着用、手洗いなどの手指衛生等の感染対策を行う。
・自宅等で屋内退避を行う場合は、放射性物質による被曝を避けることを優先し、屋内退避の指示が出されている間は原則換気をしない。
・自然災害により指定避難所で屋内退避をする場合には、密集を避け、極力分散して退避する。これが困難な場合は、あらかじめ準備をしている30km圏外の避難先へ避難する。

　このような文書では、放射線防護と新型コロナ感染対策の折り合いをどうつけて原子力防災訓練を行えばいいのか、担当者は相当悩んだはずです。各道府

県で訓練の内容がかなり異なっていたのは、それを反映したからだろうと推測されます。

　各道府県から国に、訓練に関する問い合わせが相次いだことをふまえて、国は同年11月2日にガイドラインを示しました。[*12] しかし、10月の訓練には間に合いませんでしたし、11月実施の訓練も直前に大幅な見直しをするのは難しかったでしょう。ちなみにその内容は、「避難の前に検温等の健康確認を実施すること、避難に際してマスクを着用すること、一定の距離を保つ、無用な会話や密を避けられない場所での飲食は控えるなどの必要な感染症対策を、あらかじめ住民へ広報すること」といったものでした。

　放射線防護と新型コロナ感染防止対策の折り合いをどうつけるのか、という肝腎のことについては次のように書かれています。

・放射性物質による被曝を避ける観点から、扉や窓の開放等による換気は行わないことを基本とする。ただし、感染症対策の観点から、放射性物質の放出に注意しつつ、30分に1回程度、数分間窓を全開する等の換気を行うよう努めること。

・「放射性物質の放出に注意」とは、原子力災害対策本部等からの放射性物質に係る情報をテレビ・ラジオ等を通じて得た場合や、一時集合場所において防災業務関係者が携行している個人線量計等が有意な上昇傾向を示した場合には、換気を中断すること等の対応を行うことをいう。

　要するに、放射線防護のためには窓は開けてはいけないが、新型コロナ感染対策の視点からは換気をしなければいけないので、現場で放射性物質の放出状況をふまえて判断してくれということです。ところがそういった判断をするにあたって不可欠な放射性物質の放出状況は、テレビ・ラジオの報道や線量計の測定値から自分で把握してくれ、というのです。

　緊急時迅速放射能影響予測システム（SPEEDI）による定性的なシミュレーション結果を迅速に公表すれば、放射性物質の放出状況は把握できるはずです。ところが国は、SPEEDIは使わないことにしてしまいました（コラム5-2）。また、「一時集合場所や屋内退避施設の外の放射線レベルが高いから、換気は行わない」のか、それとも「外の放射線レベルはそれほど高くないから、感染

対策を重視して換気を行う」といった判断を行うためには、放射線と新型コロナのリスクに関する基礎知識や判断基準が欠かせません。ところがそういったことは、ガイドラインのどこにも書いてありません。

参考文献

＊1　厚生労働省、新型コロナウイルス感染症対策の基本的対処方針、2020年3月28日.

　　https://corona.go.jp/expert-meeting/pdf/kihon_h.pdf、2022年10月31日閲覧.

＊2　福井新聞、2020年8月28日.

＊3　毎日新聞福井版、2020年8月28日.

＊4　朝日新聞、2020年8月28日.

＊5　朝日新聞、2020年11月1日.

＊6　新潟日報、2020年10月20日.

＊7　毎日新聞新潟版、2020年10月21日.

＊8　毎日新聞島根版、2020年9月8日、10月16日.

＊9　毎日新聞大分版、2020年10月23日.

＊10　佐賀テレビ、コロナ感染防止図りながら原子力防災訓練、2020年11月7日.
　　https://www.sagatv.co.jp/news/archives/2020110704114、2022年10月31日閲覧.

＊11　内閣府、新型コロナウイルス感染拡大を踏まえた感染症の流行下での原子力災害時における防護措置の基本的な考え方について、2020年6月2日.
　　https://www8.cao.go.jp/genshiryoku_bousai/pdf/08_sonota_bougosochi.pdf、2022年11月1日閲覧.

＊12　内閣府、新型コロナウイルス感染拡大を踏まえた感染症の流行下での原子力災害時における防護措置の実施ガイドライン、2020年11月2日.
　　https://www8.cao.go.jp/genshiryoku_bousai/pdf/08_sonota_guidelines.pdf、2022年11月1日閲覧.

第2節　屋内退避施設や避難先で
「三密」を避けることは可能なのか？

(1)新型コロナ流行時の原子力防災訓練を視察して分かったこと

　2020年の石川県原子力防災訓練が行われたのは11月22日でした。まず目についたのは、参加者数が2019年までより激減したことです（表6-1）。2020年の訓練では住民参加はなく、防災関係者（内閣府・原子力規制委員会などの国の機関、石川県と19市町、医療機関など）も約1200人から約440人に減っています。ちなみに2021年は約300人の住民が参加しましたが、2019年までの約3分の1にすぎません（2022年は富山県との合同訓練で、約600人の住民が参加しました）。

　図6-2は、2019年と2020年の石川県原子力防災訓練の概要を比較したものです。

表6-1　石川県原子力防災訓練の参加者数

実施年月日	2012年 6月9日	2013年 11月16日	2014年 11月2・3日	2015年 11月23日	2016年 11月20日	2017年 11月26日	2018年 11月11日	2019年 11月4日	2020年 11月22日	2021年 11月23日	2022年 11月23日
住　　民	約1000	約1000	約1000	約750	約1000	約1000	約1000	約1000	―	約300	約600
防災関係機関	約1200	約1200	約2740	約1200	約1200	約1200	約1200	約1200	約440	約1100	約1100
合　　計	約2200	約2200	約3740	約1950	約2200	約2200	約2200	約2200	約440	約1400	約1400

注：2014年は国が主催した原子力総合防災訓練、2022年は富山県との合同訓練
出典：石川県原子力防災訓練実施要領

　新型コロナ流行前の2019年は、白山市以北の各市町村で要配慮者の屋内退避や避難、住民の避難と避難退域時検査、避難所開設と運営、支援物資搬送、緊急時モニタリング、オフサイトセンター運営などの訓練が行われました。ところが2020年は新型コロナ感染拡大防止のため、住民参加による避難訓練は行われず、防災関係者による応急対策の手順確認の訓練などが行われただけで、訓練の規模は大幅に縮小されました。

　石川県原子力防災訓練が行われる前の2020年11月19日に、県危機対策課から訓練について説明を聞きました。それもふまえて、それぞれの訓練の状況についてご説明します。

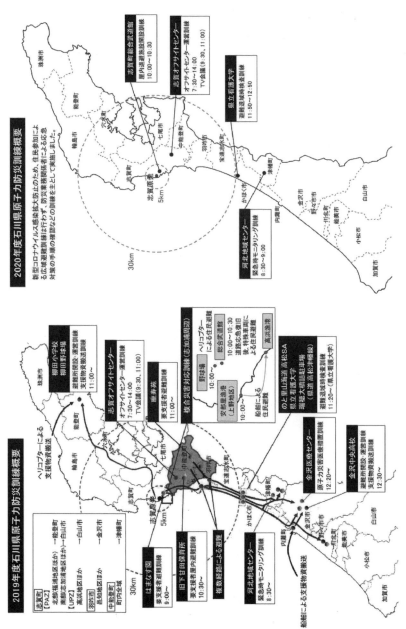

**図 6-2　新型コロナ流行前（2019年）と流行時（2020年）の
石川県原子力防災訓練の概要**
出典：石川県原子力防災訓練資料

① オフサイトセンター運営訓練

オフサイトセンター運営訓練は、志賀オフサイトセンター（石川県志賀町）で行われました。県の説明では、以下の新型コロナ感染防止対策をするということでした。

・オフサイトセンター運営訓練には、百数十人が参加する。2019年までの訓練と比較して、参加者数は若干減るという程度だ。
・昨年までは会場で2人が1テーブルを使っていたが、今回は1テーブル1人にする。
・参加者はマスクを着用し、配置は2019年まで向かい合わせになっていたが、今回の訓練では斜めにする。
・換気については、フィルターを通して建物の外から空気を取り入れ、排出する。厚生労働省が2020年4月に必要換気量を1人当たり毎時$30m^3$としたが、その基準はクリアしている。

ここでの訓練を視察したところ、会議スペースの机の上には、間仕切りのために透明なアクリル板が設置されていました。参加者数は従来に比べて大きくは減っていないようで、「1テーブル1人」とか「斜めに座る」といった事前説明とは違って、向かい合わせで座ったり密集した状況であったりと、「三密」を避ける対策は不十分だと思われました。また、防災業務関係者のマスクから鼻が出ているといった、感染対策が徹底されていない場面も見受けられました。

② 屋内退避施設開設訓練

屋内退避施設開設訓練は志賀町総合武道館（石川県志賀町）で行われました。「開設」訓練とはいっても、屋内退避施設に来るはずの住民は訓練に参加していません。

事前の説明では、次のことを聞きました。

・発熱等の症状がある人・濃厚接触者は、1階裏口から1階の放射線防護エリアのそれぞれ別の部屋に入る。それ以外の人は、1階正面玄関から入っ

て、２階の放射線防護エリアに入る。このようにすることで、それぞれの動線が重ならないようにする。

・（「30km圏内の屋内退避施設では、施設ごとに収容人数が決められているが、新型コロナ流行時などに収容人数はどうなるか」という問いに対して）入る人数は絞ることになる。

図6-3は、屋内退避施設（志賀町総合武道館）の内部と、発熱や咳などの症状がある人・濃厚接触者・それ以外の人のそれぞれの動線を示します。

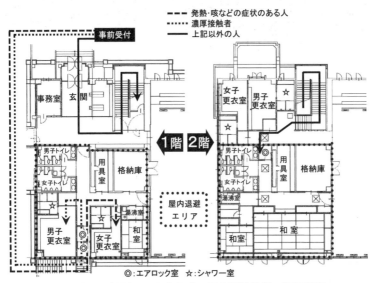

図 6-3　新型コロナ流行時の屋内退避施設の運用状況
出典：石川県原子力防災訓練資料

　１階の玄関からは「それ以外の人」だけが施設内に入り、階段を昇って２階の放射線防護エリアに移動して、「和室」に入ります。一方、「発熱や咳などの症状がある人」と「濃厚接触者」は歩いて建物の裏にまわり、１階非常口から施設内に入って１階の放射線防護エリアに入り、前者は「女子更衣室」、後者は「男子更衣室」に入ります。

　図6-4は入口前での体温測定の状況です。

　入口前のテントに体温測定用カメラが設置されており（左、中）、測定結果

はパソコンのディスプレイ上に表示されます（右）。複数の人が同時に体温測定することも可能で、ディスプレイ上にはそれぞれの人の顔の上に体温が示されます。体温が高い場合はカメラにストロボ光が点滅して、「異常体温」という音声が発せられました。

図6-4　屋内退避施設（志賀町総合武道館）入口での体温測定

③ 避難退域時検査運営訓練・原子力防災医療措置訓練

避難退域時検査運営訓練と原子力防災医療措置訓練は、石川県立看護大学体育館（石川県かほく市）で行われました。県危機対策課の事前説明は以下の通りです。

・県立看護大学体育館は、志賀オフサイトセンターや志賀町総合武道館のような陽圧と換気の設備はない。30km圏外なので、窓を開けて換気を行う。
・感染対策は、内閣府のガイドライン[*1]をふまえて行う。ここには、「避難退域時検査及び簡易除染場所における対応」が次のように書いてある。
・住民検査及び簡易除染（検査等）については、バックグラウンド値等に配慮しつつ、テント運営等により屋外での実施が可能な会場や十分に換気が可能な会場を優先して選定する、検査等の順番を待つ住民が待合スペース等に滞留しないようにするなど、3つの密を避ける。
・住民検査は健康確認の結果をふまえて、発熱や咳などの症状がある人・濃厚接触者・その他の人の降車する順番を調整して検査等のタイミングをずらす、検査レーンを分けるなど、3つの密を避ける。

大学（体育館ではない）の正面玄関前にテントが設置され、検温と問診で（a）発熱や咳などの症状がある人、（b）濃厚接触者、（c）それ以外の人の振り分け

が行われて、(a) と (b) の人は屋外のテントで、(c) の人は体育館で、それぞれ汚染検査と簡易除染を行うようになっていました。また、駐車場には車両の検査と簡易除染を行うスペースが設置されていました。

体育館の避難退域時検査訓練会場では、指定箇所検査（頭・顔・手のひらと甲・靴底で6000cpmを超える箇所がないかを検査）のテーブルが、2019年の訓練の9から2020年は4へと、半分以下に減っていました。また、確認検査（全身で4万cpmを超える箇所がないかを検査）のテーブル数も、5から3に減っていました。これらは新型コロナ感染対策で、「三密」になるのを防ぐためと思われました（図5-9参照）。

(2) 新型コロナ感染対策をすると屋内退避施設の収容人数が激減する

(1)でご説明した訓練の状況をふまえて、放射線防護と新型コロナ感染対策の折り合いをつける上でどんな課題があるかを考えることにします。

図6-5は、屋内退避施設とオフサイトセンターが、新型コロナ流行前と流行時でどのように変わったかを示します。

オフサイトセンターは訓練前の県の説明にあったように、新型コロナ流行前の訓練と比較して参加者数は若干減るという程度なので、密集状況などはほとんど変わっていません。

屋内退避施設の25畳の和室（左）では、コロナ流行前はたくさんの人が入り込んでいましたが、流行時は段ボールの間仕切りがされたので収容人数は大幅に減っています。志賀町総合武道館の屋内退避施設は、1階と2階を合計した収容人数は130人です（表5-5）。1階に60人、2階に70人が入ると仮定すると、2階は35畳ですから「1畳に2人」となります。ところが感染対策をすると、25畳の和室に5人、10畳の和室に2人ほどしか収容できなくなり、収容人数は70人から7人ほどに激減します。

志賀原発が立地する志賀町には屋内退避施設が12あり、それぞれの収容人数を合計すると1417人になります（表5-5）。ところが新型コロナ感染対策をして収容人数が志賀町総合武道館と同様に10分の1程度に減るとすると、150人ほどしか収容できなくなります。

屋内退避施設（志賀町総合武道館）　　　　　志賀オフサイトセンター

図 6-5　新型コロナ流行前（上）と流行時（下）の
屋内退避施設とオフサイトセンターの状況

⑶ そもそも「三密」は避けられるのか

　屋内退避施設は、既存・新設のコンクリートの建物に次のような放射線防護
対策をしたものをいいます。

・放射性物質除去フィルターを備えた給気装置で防護エリア内を陽圧にし、
外部からの放射性物質の侵入を抑える。
・防護エリア内の陽圧を維持するため、窓とドアを高気密性にし、防護エリ
ア出入り口に前室を設置する。
・防護エリア内部と外部の放射線量を測定するため、モニタリングポストを
設置する。
・建物の外と放射性物質捕集後のフィルターからの放射線を遮蔽するため、
鉛入りカーテンと鉛入りボードを設置する。

　下の2つは新型コロナ感染対策とは関係がありませんが、上の2つ、特に防
護エリア内の窓とドアを高気密性にすることは大いに関係します。
　原発事故で環境に放出された放射性物質が建物の外をただよっているのです
から、換気すればそれが建物の中に入ってきます。それを防ぐために、屋内退

避施設は窓やドアを高気密性にして、エリア内にフィルターを通した空気を導入して陽圧にします。ところが、このような被曝対策はいずれも、新型コロナの感染対策とは矛盾してしまいます。

そもそも屋内退避施設は「人が密に集まって過ごすような空間」ですし、「不特定多数の人が接触するおそれが高い場所」にほかなりません。志賀原発周辺の屋内退避施設はいずれも、狭い空間に多くの人が密集して長い時間を過ごす仕様になっています。

こういった屋内退避施設で「三密」を避けることは、きわめて難しい（恐らく不可能）と考えられます。

30km圏外に設置される避難所は、原発から離れているので30km圏内より放射線レベルは低いと推測されるので、窓や扉を開けて換気するのは問題は少ないでしょう。しかし、「人が密に集まって過ごすような空間」や「不特定多数の人が接触するおそれが高い場所」に長時間滞在することは、屋内退避施設と変わりはないと思われます。

参考文献

＊1　内閣府、新型コロナウイルス感染拡大を踏まえた感染症の流行下での原子力災害時における防護措置の実施ガイドライン、2020年11月2日.
https://www8.cao.go.jp/genshiryoku_bousai/pdf/08_sonota_guidelines.pdf、
2022年11月1日閲覧.

第3節　究極の選択
——放射線か新型コロナか、どちらの対策を優先する？

⑴ 放射線被曝のリスクと新型コロナ感染のリスク

新型コロナ流行時に放射性物質の放出を伴う原発事故が発生したら、放射線被曝のリスクと新型コロナ感染のリスクのそれぞれがどのくらいかを推定して、リスクがもっとも低いと考えられる行動を選択しなければなりません。さらに、第4章第2節でお話ししたように「放射線被曝を避けることによる被

害」が発生するリスクもありますから、これも考慮しなければなりません。

　これらのリスクを比較・検討するにあたって、もっとも重要な判断基準は何かというと、「どういった行動をとることが、命を守ることができる可能性がもっとも高いか」であろうと思われます。このことをふまえて、放射線被曝による被害のリスク・放射線被曝を避けることによる被害のリスク・新型コロナ感染による被害のリスクがどのようなものか考えてみましょう。

　まず、放射線被曝による被害のリスクについてです。

　放射線を被曝することで起こる被害には、しきい線量以上を浴びると障害が出始めて、一定の線量を超えると確実に障害が発生し、被曝した線量が多いほど症状が重くなる「確定的影響」と、被曝量が増えると障害が起こる確率が上がり（障害がでるかは"運しだい"で起こる時も起こらない時もある）、症状の重さと被曝線量の多さが無関係の「確率的影響」があります。

　ちなみに、福島第一原発事故後に改訂された原子力災害対策重点区域は、原発から５km圏内の「予防的防護措置を準備する区域（PAZ）」と原発から５〜30km圏の「緊急防護措置を準備する区域（UPZ）」の２つに分けられますが、これらの区域を設定した目的は、PAZは急性障害の発生リスクの制限、UPZは晩発障害であるがんの発生リスクの低減とされています[*1]。

　これまでに世界で起こった３つのシビアアクシデント（チェルノブイリ原発事故、福島第一原発事故、スリーマイル島原発事故）において、急性放射線障害で亡くなったのはチェルノブイリ原発事故直後に消火活動に参加した消防士と原発運転員の29人です[*2]。原子炉での核反応が暴走して出力が定格の100倍になり、２回の爆発が起こって原子炉と原子炉建屋が激しく破壊されたこの事故で、幸いにも周辺の住民で急性放射線障害による死は起こっていません。したがって、原発からチェルノブイリ原発事故を超える量の放射性物質が放出され、そこに激しい雨が降り注いでそのほとんどが原発周辺のごく狭い地域に降り注ぐといった場合でなければ[*3]、放射線被曝による被害のリスクは発がんによるものと考えて差し支えないでしょう。

　放射線に起因するがんは、被曝してから長い時間がたった後に発生します。それは、放射線が細胞に最初の遺伝子変異を起こし、さらに別の原因で複数の変異が蓄積していって悪性化していき、ついにがん細胞に変わるからです（多段階発がん説）。広島・長崎で被爆した生存者に発症したがんが、どの時期に起

こっているかを調べたところ、白血病は２〜３年の潜伏期をへて増加して、７〜８年でピークに達しました。固形がん（造血器から発生するがんを血液がん（白血病も含む）、それ以外を固形がんと呼びます）は、10〜数十年の潜伏期の後に増加していました[*4]。

　次に、放射線被曝を避けることによる被害のリスクについてです。

　第４章第２節でお話ししましたように、福島第一原発事故後に福島県で多くの方々が「放射線被曝を避けることによる被害」のために亡くなり[*5]、特にお年寄りは避難に伴う過酷な環境によって、当日あるいは短い日数のうちに命を失った方が少なくありません[*6-8]。

　新型コロナ感染による被害のリスクはどうでしょうか。

　新型コロナの主な感染経路は、感染者（無症状の人も含む）から咳・くしゃみ・会話などの際に放出されたウイルスを含んだ飛沫・エアロゾル（飛沫よりもさらに小さな、水分を含んだ状態の粒子）を吸い込むこととされています。潜伏期は１〜14日間で、ウイルスを含む飛沫やエアロゾルを吸い込むなど（曝露）してから５日程度で発症することが多く、オミクロン株だと潜伏期は２〜３日、曝露から７日以内に発症する人が大部分とされています。

　ウイルス感染から新型コロナを発症すると、重症化リスクがある人は入院・酸素投与・集中治療が必要となるリスクが大きくなります。なお重症化リスクは、年齢が65歳以上・悪性腫瘍・慢性呼吸器疾患・慢性腎臓病・糖尿病・高血圧・脂質異常症・心血管疾患・脳血管疾患・肥満（BMI30以上）・喫煙・妊娠後半期などです。重症化は発症後７日程度で起こり始めて、一部の人は挿管人工呼吸や体外式膜型人工肺（ECMO）などの治療を行っても救命できません[*9,10]。

(2) どのように行動すれば、命を守られる可能性がもっとも高くなるか

　このように、放射線被曝による被害・放射線被曝を避けることによる被害・新型コロナ感染による被害は、それぞれで最悪の転機（＝命が失われる）になってしまう時期が異なることが分かります。すなわち、

・放射線被曝による被害である発がんでは、発症がもっとも早い白血病で２〜３年、固形がんは10年程度の潜伏期がある。したがって、放射線発がん

では少なくとも被曝の２〜３年後には亡くならない。

・放射線被曝を避けることによる被害では、お年寄りは避難によって１日〜数日で亡くなってしまう可能性がある。

・新型コロナ感染による被害では、ウイルス曝露から７日以内の発症が多く、その後７日ほどで一部の人が重症化し、一部の人で救命できない場合がある。発症から死亡まで、早い場合は０日（発症した当日に死亡）で平均は２週間程度である。[*11]

となっており、放射線被曝を避けることによる被害・新型コロナ感染による被害では日単位で死の転機となる可能性があり、放射線被曝による発がんではそのような短期間で死亡することはない、という違いがあります。

　リスクの比較・検討にあたって、「命を守ること」をもっとも重要な判断基準とするならば、これら３つのリスクがある中で、「どのように行動すれば、命を守ることができる可能性がもっとも高くなるか」を選び取らなければなりません。そして、その選択の結果は、国の考え方に書かれているような「放射性物質による被曝を避けることを優先する[*12]」ではないでしょう。

　例えば、「原発事故で環境に放出された放射性物質によって、年間数 mSvほどの追加被曝が想定されたが、放射線被曝を避けることが優先されるから、ただちに屋内退避施設に行ってそこに滞在した。ところがそこに新型コロナ感染者がいて、施設内が『三密』を避けるのは困難な環境にあったため感染・発症してしまった。65歳以上・糖尿病・心血管疾患という重症化リスクをかかえていたので１週間で重症となり、医療機関で治療を行ったものの亡くなってしまった」といった場合は、考えられるもっとも賢明な選択とは到底いえません。

　とはいえ、命を守るためにもっともリスクが低くなる行動を選択するのは、容易なことではありません。なぜなら、そのためには、放射線被曝による被害・放射線被曝を避けることによる被害・新型コロナ感染による被害に関する知識が必要ですし、現実にそれぞれのリスクがどのくらいであるかを判断するためには、それに関する情報が必要だからです。

　新型コロナについては、本やテレビ・新聞などでこの感染症の特徴や感染防止対策について日常的に情報が発信されていますから、「三密」を防ぐとか、

手洗い・マスク・ワクチン接種などの有効な対策を知ることは容易と思われます。ところが、放射線被曝による被害や放射線被曝を避けることによる被害に関する知識や、そのリスクを減らすためにどうすればいいかは、あまり知られていません。

したがって、新型コロナ流行時に放射性物質の放出を伴う原発事故が発生してしまった時に、「どのように行動すれば、命を守ることができる可能性がもっとも高くなるか」を適切に選択できるようにするには、放射線被曝による被害や放射線被曝を避けることによる被害に関する知識を住民一人ひとりが持つ必要があります。また、放射性物質の放出状況や、気象条件などによって刻々と変わっていく放射線量などのデータを、住民が迅速に把握できる体制も必要です。

そのためにどういった対策が必要かも含めて、原発事故が起こった時にもっともリスクが低減できると思われる判断と行動をどう選び取るか、最後の章で考えてみることにします。

参考文献と注

＊1　日本原子力研究開発機構、我が国の新たな原子力災害対策の基本的な考え方について（2013）.

＊2　日本科学者会議編、地球環境問題と原子力、リベルタ出版（1991）.

＊3　2014年の原子力総合防災訓練が行われた11月2日の午後1時頃、オフサイトセンター（当時）駐車場に停めた石川県の参観バスで昼食休憩をとっていたところ、突然激しい雨が降り始めました。他県から視察に来ていた人がバスの中で、「これくらい雨が降ると、UPZ（原発から5～30km圏）に行く前に放射性物質は全部落ちてしまうなぁ」といったのを筆者は耳にしました。

＊4　野口邦和、原発・放射線図解データ、大月書店（2011）.

＊5　池田香代子・開沼博・児玉一八・清水修二・野口邦和・松本春野・安齋育郎・一ノ瀬正樹・大森真・越智小枝・小波秀雄・早野龍五・番場さち子・前田正治、しあわせになるための「福島差別」論、かもがわ出版（2017）.

＊6　一ノ瀬正樹、放射能問題の被害性—哲学は復興に向けて何を語れるか、**国際哲学研究　別冊1　ポスト福島の哲学**（2013）.

＊7　一ノ瀬正樹、いのちとリスクの哲学、MYU（2021）.

＊8　相川祐里奈、避難弱者、東洋経済新報社（2013）.

＊9　新型コロナウイルス感染症 COVID-19診療の手引き 第8.1版（2022）.

https://www.mhlw.go.jp/content/000936655.pdf、2022年11月2日閲覧.

＊10　玉井道裕、新型コロナウイルス感染をのりこえるための説明書 オミクロン株
BA.5編（2022）.

https://www.suwachuo.com/pdf/BA5.pdf?_ga=2.94733727.248866749.166735
7800-313247573.1667357800、2022年11月2日閲覧.

＊11　東京都における新型コロナウイルス感染症による死亡症例について（2020）.

https://www.fukushihoken.metro.tokyo.lg.jp/iryo/kansen/corona_portal/info/
shibou.files/shibourei1.pdf、2022年11月2日閲覧

＊12　内閣府、新型コロナウイルス感染拡大を踏まえた感染症の流行下での原子力
災害時における防護措置の基本的な考え方について、2020年6月2日.

https://www8.cao.go.jp/genshiryoku_bousai/pdf/08_sonota_bougosochi.pdf、
2022年11月1日閲覧.

第7章
命を守るために
どう判断・行動すればいいか

　原子力規制委員会は原発の再稼働を次々と許可していますが、福島第一原発事故の原因になった軽水炉の致命的な欠陥が取り除かれたわけではありません。それだけではなく、原子炉の安全確保で金科玉条だったはずの「閉じ込める」が放棄されて、放射性物質を環境に放出するベントに代わってしまいました。

　原発の運転が続く限り、シビアアクシデントの危険は去っていきません。それどころかベントが基本原則になったため、原発事故時の防災対策はますます重要になっています。

　最終章では、原発事故が起こってしまった場合に、命を守るために最善となる行動を選択するために、日頃からどのような準備が必要となるか、事故の際にどのように判断して行動すればいいのかを考えます。その上で、原子力防災が成り立つにはどのような条件が必要かについて述べます。

第1節　原発事故に備えるために、
　　　　日頃からどんな準備が必要になるか

⑴原発は安全にはなっていないし、
　「閉じ込める」が放棄されてしまった

　福島第一原発事故の直接の引き金になったのは東北地方太平洋沖地震でしたが、もともとの原因は日本の原発（軽水炉）が抱えていた「熱の制御が極めてむずかしく、いったんそれに失敗すると、いとも簡単にシビアアクシデント

（苛酷事故）を起こす」という、致命的な欠陥にありました。原子力規制委員会は事故の後、この欠陥を抱えた原発に若干の改良を加えただけで、「これで安全になった」といって次々と再稼働を許可しています。ところが事故後に行われた改良は、軽水炉の欠陥をなくすようなものではなく、シビアアクシデントの可能性がなくなったとは到底いえません。[*1]

　原子力規制委員会は再稼働の必須条件に、フィルタベント・システムをあげています。福島第一原発の炉型は沸騰水型軽水炉（BWR、コラム1-1参照）ですが、炉心で発生する熱量が膨大であるのに対して、いざという時にそれを受け止める格納容器の容積があまりにも小さいという欠陥があります。この欠陥をカバーするためにBWRには圧力抑制プール（図1-7）がついていますが、福島第一原発事故で明らかになったように、この装置でシビアアクシデントを防ぐことはできませんでした。

　そこで、BWRのシビアアクシデント対策の一環として考え出されたのが、「ベント（原子炉格納容器内に蓄積した高温・高圧の放射性ガスや水素ガスなどを、意図的に環境に放出する）」という手法です。そしてベントには、圧力抑制プールからフィルターを通さずに放出する「耐圧強化ベント」と、高性能フィルターで気体をろ過して放射性物質をできる限り除去した後に放出する「フィルタベント」の2つがあります。[*2]

　福島第一原発事故で行われたベントは耐圧強化ベントで、ヨーロッパの原発で設置が進んでいたフィルタベントは、日本では設置されていませんでした。福島第一原発事故後に原子力規制委員会は、新規制基準に基づく適合性審査の中でフィルタベント設置を必須条件としました。[*3]ところがフィルタベントは、格納容器の基本的欠陥をそのままにした小手先の対策にすぎず、信頼できるシビアアクシデント対策ではありません。[*4]

　フィルタベントが抱える大きな矛盾の一つが、原子炉の安全対策の基本原則としていた「止める・冷やす・閉じ込める」のうち、「閉じ込める」を放棄してしまったことです。放射性物質の危険を回避するためには、もしそれが完全に行えるならば閉じ込めて環境に出さないというのが最良の手法です。ところがシビアアクシデントが起こって水素ガスが発生すると、こんな危険な物質を内部に閉じ込めておくわけにはいかないということで、「閉じ込め」は捨て去られました。

ベントする際にはフィルターを通すから大丈夫、というわけにもいきません。ベントガスは10気圧・200℃近くに達する高温・高圧のガスであり、その中にコンクリートの破片や粉末などの固体が含まれている場合、フィルターが目詰まりする可能性があります。また、フィルターはどんなに性能が良くても、いつかは飽和してしまって役に立たなくなります。そもそもフィルタベントを設置すれば耐圧強化ベントラインは不要になるはずですが、適合性審査でそれを残したのは、目詰まりの発生を危惧したからにほかなりません。

　したがって福島第一原発の後でも、最悪の場合はこの事故に相当するような量の放射性物質が、耐圧強化ベントでそのまま環境に放出されることになります。原子炉の安全確保の基本が「止める・冷やす・ベントする」に大きく変わったことによって、原発事故時の防災対策はますます重要になっています。

⑵ 放射線被曝による被害のリスクを的確につかむために必要なこと

　原発事故が起こった時に、命を守るためにもっともリスクが低くなる行動を選択するためには、放射線被曝による被害のリスク・放射線被曝を避けることによる被害のリスクのそれぞれがどれくらい大きいのかを比較・考量し、考えうる最善の対策を検討しなければなりません。さらに新型コロナのような感染症流行時には、感染による被害のリスクもその対象に加わります。

　これらのリスクの中で、その大きさを認識するのがもっとも困難なのは、放射線被曝による被害のリスクです。そしてそのことは、「自分が居住・滞在している場所の放射線量を知ることが容易ではない」、「そこでの放射線量が分かったとしても、それによって放射線障害がどんな確率で起こるかを認識することが容易ではない」、という少なくとも２つの困難に起因します。

　それでは、この２つの困難をできる限り小さくするには、どうしたらいいでしょうか。

① 自分が居住・滞在している場所の放射線量を知るために

　自分がいる場所の放射線量を知ることが容易ではないのは、放射線は私たちの五感（視覚、聴覚、触覚、味覚、嗅覚）では感じないからです。地震や豪雨、大雪といった災害では、自分が直面しているリスクがどのくらいであるかは、

ある程度は五感によって判断することができます。一方、自分のまわりの放射線量を知るには、測定器が必要です。とはいえ大多数の人は、そのような測定器は持っていません。

　したがって、原発事故に伴って自分のいる場所の周辺はどのくらいの放射線量になっているのか、放射性物質がどのように拡散していくと予測されるのか、という公的な情報が必要となります。

　図7-1は、福島第一原発事故で環境に放出された放射性物質の拡散を、緊急時迅速放射能影響予測システム（SPEEDI）で計算した結果の一例です。2011年3月15〜16日には放射性物質が南東寄りの風によって、原発から北西の浪江町・飯舘村・川俣町などの方向へ拡散すると予想されていたことが分かります。

　SPEEDIは、原子力施設から大量の放射性物質が放出された、あるいはその恐れがあるという緊急時に、周辺環境における放射性物質の大気中濃度や被曝線量などを、放出源情報・気象条件・地形データをもとに迅速に予測するコンピュータネットワークシステムのことをいいます。[*5]

図7-1　貴ガスとヨウ素の放出率を仮定したSPEEDIによる
放射性ヨウ素の地表蓄積積算量の3時間先までの予測計算
注：2011年3月15日9時〜2011年3月16日9時（3月16日6時に計算、6時51分配信）、
　　放出率は貴ガスを8.33×10^{14}Bq/時、ヨウ素を2.75×10^{13}Bq/時で24時間連続の放出

原発でシビアアクシデントが起こった直後は、放出された放射性物質の正確な量は分からないのが自然です。一方、住民はこの段階でも、放射性物質の拡散から不意打ちは免れたいと当然ながら思っています。そのため、単位放出（放射性物質の放出量を1Bq/時と考える）や仮想放出（例えば、原子炉内の放射性物質の全量が放出されると考える）という条件でSPEEDI計算を行います。こうした計算の結果、放射性物質は内陸側に飛散するか、海側に飛散するか、海側に運ばれた後に風向が変化して内陸側に運ばれるか、雨や雪によって地上に自然落下よりも早く沈着してくるか、といったことが前もって分かれば、放射性物質の飛散量や地上沈着量の正確な予測ができなくても、住民にとって十分に役に立ちます。例えば、風が原発から自分がいる場所に向かって吹いている時や、雨や雪が降っている時には、不急の外出は控えるとか自宅待機するといった、応急の対策をとることができます。

　図7-1は仮想的な放射性ヨウ素の放出量でSPEEDI計算を行ったもので、風のデータは2011年3月16日6時までは観測で得られたものを、それ以降は気象庁が数値天気予報を行うために予測計算で得た格子点ごとのデータを、日本気象協会がより細かい格子について補完した値を用いて、1日分（予測としては3時間先まで）のヨウ素の地上蓄積量を推定しています。

　この計算結果を見れば、原発から北西方向に地表蓄積量が多い領域がのびていることが分かります。こうした地図情報を、一人ひとりのパソコンや携帯電話、NHKなどを通じた情報として伝達できれば、どのような行動をとればいいかを判断する上で、他に何も情報がないままに決断を迫られるよりも明らかに有効だと考えられます。

　ところが福島第一原発事故では、SPEEDIの情報は住民の役に立ちませんでした（コラム5-2参照）。SPEEDI計算は3時間先までの予測情報なのですが、機関によっては24時間先あるいは3日先までの計算を行って、情報を得ていたにもかかわらずです。こうした問題は、SPEEDIが役に立たない代物であったわけではなく、SPEEDIの計算結果を住民が命を守るための行動を選択するために必要な緊急時情報として発信するという姿勢が、国にも自治体もまったくなかったことで起こりました。

　SPEEDIの計算結果を解釈し、「仮定の放出率に基づいて計算したので、量的には不確実である」といった丁寧な解説もつけて、責任をもって住民に発信

する機関をはっきりさせることが福島第一原発事故後の問題からくみ取るべき教訓でした。ところが国はそうするのではなくて、SPEEDIのシステムを放棄してしまいました。^{*6}

　国がSPEEDIの代わりに、緊急時における避難や一時移転等の防護措置の判断に使うとしているのが、モニタリングカーやモニタリングポストでの空間線量率などの実測値です。モニタリングカーは地震などで道路が通行不能になれば測定できなくなるので、基本はモニタリングポストでの測定値になります。

　図7-2（下）は、志賀原発から30km圏内の測定地点を示していて、空間線量率を測定できるのは31地点（石川県24（●）、北電7（■））、積算線量のみが45地点（石川県33（○）、北電12（□））です。石川県の空間線量率測定地点は、風向・風速・降水量・降雪量などの気象要素も測定できるようになっています。

　図7-2（上）は空間線量率測定結果のリアルタイム表示で、石川県ホームページで閲覧できます。^{*7}刻々と変わっていく空間線量率は表示されていますが、これを見て、放射性物質は内陸側に飛散するか、海側に飛散するか、あるいは雨や雪が降ってくるから早く沈着してきそうだ、といったことが瞬時に分かるのかというと、そのようにはとても思えません。

　SPEEDIの計算結果が妥当であることは福島第一原発事故の際に実証されているのですから、住民が命を守るために必要なものとしてSPEEDIのシステムを復活させ、緊急時情報として積極的に発信すべきだと考えます。なお、SPEEDI情報を役立てるための日常的な方策として、気象学者の佐藤康雄は以下のように提言しています。^{*5}

　　次の原発事故の時、遺漏なくSPEEDI情報が住民に届けられるためには、平時の訓練が欠かせない。平時の訓練を欠いておいて、1年後あるいは10年後、数十年後にどこかで起こる事故で、遺漏なくというのはほとんど望めないだろう。毎日の「天気予報」の蓄積があって、時間をおいてやって来る「台風警報」が信頼され意味を持ってくる。

　　日常的なSPEEDI情報の社会的開示が、いざという時の有効活用に結びつくのではないだろうか。例えば、原発近傍の県では、毎日1回、例えばNHKテレビの18時50分のローカルニュース後の天気予報の中で、SPEEDI

予測計算をテレビ情報として流し続けるというのはどうだろうか。その時、雨・雪による地上沈着量予測地図なども報じられるとさらによい。そうすると、住民は毎日（仮想的）放射性物質が今日は内陸側に流れていた…、明日は雨で地上にホットスポットが形成される可能性が高い…という仮想体験を積むことになる。

　本当にいざという時には、SPEEDI本計算を「これは本番です」と付け加えて、そのままテレビで流せば良く、何ら特別の覚悟はいらないことになる。

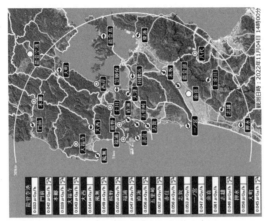

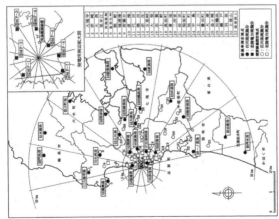

図7-2　志賀原発周辺の
空間線量率・積算線量の測定地点（下）と空間線量率測定結果の表示（上）
出典：石川県、志賀原子力発電所周辺環境放射線監視結果報告書（下）、
石川県、環境放射線データリアルタイム表示（上）

コラム 7-1
雨ざらしの一時集合場所

　　放射性セシウムなどの放射性物質はチリやホコリなどに付着して空気中をただよっていますが、重力によってゆっくりと落ちてきて、地表に沈着します。ところが雨や雪が降ると、このような自然落下よりもずっと早く地表に落ちて沈着します。

　　福島第一原発事故の後、原発から北西に放射性セシウムなどによる汚染が広がりましたが、その原因となったのが降雨や降雪による沈着です。2011年3月15日午後に日本南岸を低気圧が通過したのに伴って、この日の早朝から午前中は北〜北東寄りの風が吹き、昼頃から南東寄りに風向が変わりました。

　　3月15日午前6時頃、福島第一原発2号機の原子炉格納容器が破損したために放出された放射性物質は、こうした風に乗って拡散していきました。午前中は福島県浜通り南部のいわき市などをへて、茨城・栃木県方面に放射性物質が運ばれたのですが、この時間帯に関東の平野部では降水がなかったため、貴ガスの通過によって空間線量率は増加したものの、放射性物質の沈着は多くありませんでした。ところが風向きが変わって、放射性物質が発電所北西の方向へ向かった15日夕方〜16日未明、飯舘村などで雪、福島市などでは雨が降ったため、放射性物質は大気から地表へ落ちて沈着してしまいました。この雨や雪を浴びれば、頭髪や皮膚、衣服や靴などが放射性物質で汚染してしまいます。

　　ところで原子力防災計画には、「自家用車による避難が困難な住民をバス等で避難させるため、必要に応じて一時集合場所を設ける[*8]」という記述があります。一時集合場所でバスが来るのを待っている時に、もし放射性物質を含んだ雨や雪が降ってくれば住民は汚染し被曝してしまいます。そこで筆者は志賀原発の一時集合場所の状況を確認してきました（図7-3）。

図7-3　志賀原発周辺の一時集合場所

　写真で分かるように、雨や雪で濡れるのを防ぐ屋根がない一時集合場所がいくつもあり、バス停の看板のみ（左上、右上、右下）、バス停の看板とベンチ（左下）がそれにあたります。屋根付きの建物もありましたが、奥行きが狭くて入口が大きく開いているもの（中上）は、風が吹いていれば雨や雪の付着を防ぐのはなかなか難しいと思われます。

　このことを石川県危機対策課に伝えたところ、「原発から５〜30km圏（UPZ）は放射性物質が放出された後の避難ということになるので、雨があたるのはまずい。設置した町に確認したい」という回答がありました。[*9]

② 放射線をどれくらい浴びると、どんな影響が起こるのかを知るために

　第３章第１節でお話ししたように、放射線を浴びる（放射線被曝）と障害が起こることがありますが、それは放射線を「浴びたか・浴びないか」ではなく、「どれくらい浴びたのか」によります。また、私たちは普通に暮らしていても自然放射線を浴びていて、しかも浴びる量は地球上のいろいろな場所でけっこう違っています。自然放射線量の変動の範囲に収まるくらいであれば、気にする必要はありません。

こうした"さじ加減"を身に着けるためには、放射線・放射能に関する真っ当な本で勉強するとか、そのような専門家の話を聞くのが近道です（残念ながらそれがなかなか難しくて、この本も近道の一つになるよう願っています）。

　それから、これは近道にはならないでしょうが、学校教育の中で放射線・放射能に関する基礎知識がしっかり学べるようにするのも、大事なことです。福島第一原発事故によって、日本では放射線のことを意識せずに暮らすのは難しくなりました。これはとても厄介なことですが、この事故の前の日に戻ることはできないのですから、学ぶことによって放射線と向き合うしかないと思います。

　現在も日本では原発が運転していますし、全部の原発が廃炉になったとしても、それから何十年にもわたって廃炉作業が続くわけですから、放射線や放射能との"つきあい"はその間ずっと続きます。

　このように、日本に住んでいれば原発や放射線・放射能と無縁ではいられません。したがって、学校教育の中でそれらをきちんと学べて、しかも学校での修学を終えた人たちも学べるような環境を作る必要があると考えます。

　一方、原発立地道県や隣接する府県、とりわけ原発の近くに住んでいる人たちは、「そんな悠長なことはいっていられない」とお考えでしょう。原発が運転しているならば、事故によって被害が降りかかるリスクは目の前にあるのですから、当然のことと思います。

　こういった地域の人たちが放射線・放射能の知識を得るために、そして原発事故が起こってしまった際に命を守るために適切な行動を選択するために、第1種放射線取扱主任者の役割が大きいと考えます。読者の皆さんはあまり聞いたことのない国家資格かもしれませんので、福島第一原発事故の後に福島県内で住民を原子力災害から守るための活動に従事した、第1種放射線取扱主任者の一人が書いていることをご紹介しましょう。[*10]

　　原子力災害の大きな課題は、"放射能の汚染除去と住民の放射線被曝管理"である。これは、正に、第1種放射線取扱主任者という国家資格を持った者の役割であると思う。福島の災害が起きてから4年目に入っているが、この国家資格を持った人たちの集団の活動は十分であっただろうか。行政は、同じ過ちを繰り返す可能性があり、避難弱者の避難計画は遅々として

進んでいない今、この国家資格を持った人たちの出番なのではないかと思う。

　第1種放射線取扱主任者の国家資格を取得するには、放射線物理学・放射化学・放射線生物学・放射線測定技術・管理技術・放射線に関連する法令のそれぞれについて専門的な知識を持たなければなりません。1958年に免状交付が始まって以来、すでに3万人ほどがこの資格を取得していると考えられます。

　その人たちは全国津々浦々にいるでしょうから、力を借りない手はないと思います。ちなみに筆者が原子力防災に関する自治体・医療機関の調査を行ったところ、志賀原発から30km圏内では2つの医療機関の4人が、第1種放射線取扱主任者の国家資格を持っていました。また石川県庁でもこれを持つ職員が、専門知識を活かした仕事を行っています。

　一方、原発から30km圏内の自治体には、第1種放射線取扱主任者の国家資格を持った人はいませんでした。原子力災害に対応するために、少なくとも30km圏内のすべての自治体と屋内退避施設を備えたすべての医療機関で、この資格を持つ人を配置して十分な活動ができるよう、養成に関わる費用の負担も含めて原発立地道県や隣接府県が対応する必要があると考えます。

参考文献

＊1　舘野淳、シビアアクシデントの脅威、東洋書店（2012）.

＊2　岩井孝・歌川学・児玉一八・舘野淳・野口邦和・和田武、気候変動対策と原発・再エネ、あけび書房（2022）.

＊3　原子力規制委員会、BWRプラントにおける原子炉格納容器の過圧破損防止に係る審査の進め方について（2020）.
https://www2.nsr.go.jp/data/000305825.pdf、2022年11月4日閲覧.

＊4　後藤政志、新安全基準は原発を「安全」にするか、**世界**、2013年5月号、pp.215-223.

＊5　佐藤康雄、放射能拡散予測システムSPEEDI、東洋書店（2013）.

＊6　原子力規制委員会、緊急時迅速放射能影響予測システム（SPEEDI）の運用について（2014）.

＊7　石川県、環境放射線データリアルタイム表示.

https://atom.pref.ishikawa.lg.jp/monitoring/pages/radiation/
formradiationmap30km.aspx、2022年11月4日閲覧.

＊8　石川県避難計画要綱（2013）.

＊9　2018年4月20日の石川県危機管理課との懇談。

＊10　熊本雅章、原子力災害から身を守るために、*Isotope News*、第729巻、
51-54頁（2015）.

第2節　信頼できる情報と合理的判断で命を守る

⑴ 事故初期は貴ガスからの放射線を建物の中でやり過ごす

　原発事故が起こったら、状況にかかわらずただちに避難するというのは、合理的な判断ではありません。なぜなら、避難することにもリスクがあるからです。命を守るために最も合理的と考えられる行動を選択するためには、自分が居住・滞在している場所で放射線量が現在どれくらいで、今後はどうなっていくと推定されるのか、に関する信頼できる情報を得る必要があります。その上で、推定される放射線被曝の被害のリスクが放射線被曝を避けることによる被害のリスク（＝避難のリスク）を明らかに上回ると判断された場合に、避難するという行動が合理性を持つようになります。

　原発でシビアアクシデントが起こった直後は、事故の状況や放出された放射性物質の量などに関する情報は分からないのが自然でしょうから、最初に行うべきことは、まっさきにやってくる放射性貴ガス（特にキセノン133）が放出するガンマ線への対策です。貴ガスはまわりの物質と反応しないので、キセノン133を含む放射能雲（プリューム）が通過する際に飛んでくるガンマ線を被曝しないようにして、通り過ぎていくまでやり過ごすのです（詳しくは第3章第3節（1）をご覧ください）。

　図7-4左は、コンクリートや水などがキセノン133の出すガンマ線をどのくらい遮蔽するかを示します[*1]。例えば厚さ5センチメートル（cm）のコンクリートは、それがない場合の約4分の1に減らします（上の目盛）。コンクリートの厚さが15cmになると、約100分の1になります。

このようにコンクリート製の建物は遮蔽効果が高いのですが、木造家屋でも屋内に入れば被曝量を大幅に減らすことができます。なお、図7-4右にはセシウム137に対する遮蔽も示しました。コンクリートの厚さが同じでも遮蔽効果はキセノン133のほうが大きいのは、ガンマ線のエネルギーがセシウム137と比べてキセノン133が小さいからです。

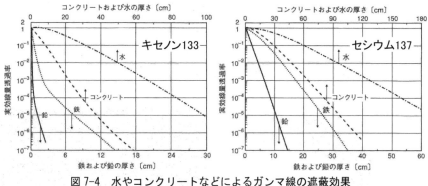

図7-4　水やコンクリートなどによるガンマ線の遮蔽効果
出典：日本アイソトープ協会、アイソトープ手帳　12版、丸善（2020）

⑵ 周辺の放射線リスクは、避難することのリスクより大きいのか？

　事故初期には貴ガスからのガンマ線に注意が必要ですが、キセノン133の半減期は5.2475日なので比較的早くなくなっていきます。クリプトン85（半減期10.739年）も放出されますが、四方八方に拡散して薄められていくので、そのガンマ線もだんだん減っていきます。

　原発事故が起こってから時間がたってくると、放射性セシウムや放射性ヨウ素などの揮発性元素も環境に漏れ出してきます。これらが付着したチリやホコリが風に乗って運ばれてきて、そこに雨や雪が降ると地面に降り注いで沈着し、放射線量率（空間線量率）がなかなか下がらなくなります。そのため、自分がいるところの現在の空間線量率と、今後の気象条件によって放射性物質がどのように拡散すると予想されるのかを知ることが重要となります。

　現在の空間線量率は、サーベイメータ（第2章第2節）で測定すれば分かります。ところがほとんどの人はそれを持っていませんから、自分がいるところ

に近いモニタリングポスト（コラム2-2）の測定値などから推定する必要があります。モニタリングポストごとのリアルタイムの測定値と風向・風速は原子力規制委員会のHP[*2]などで知ることができますが、そういった情報を得るのがむずかしい人も多いでしょうから、豪雨や地震などの災害時のようにテレビ・ラジオで放送することも必要と考えます。

放射性物質の今後の拡散予測については、SPEEDIを復活させて予測結果を必要とする人に迅速に伝えるシステムが必要です。それができるまでは、天気や風向・風速の現況と予報で推定する必要があります。風向・風速の現況は気象庁HPのアメダスの表示（図7-5左[*3]）、今後の予報はWindy.comのような気象情報サイト（図7-5右[*4]）などで見ることができます。

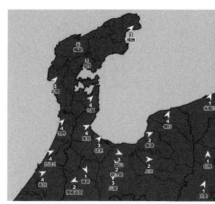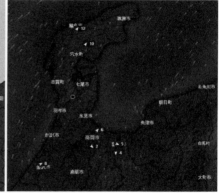

図7-5　風向・風速に関する情報の例
出典：気象庁HP（左）、Windy.com HP（右）

それでは、このような情報から自分のいるところの現在の空間線量率と、今後の放射性物質の拡散予測が分かったら、「放射線被曝の被害を防ぐことを優先して、ただちに避難する」のか、それとも「放射線被曝を避けることによる被害を防ぐことを優先して、避難しないで建物にこもる」のかを、どう判断すればいいのでしょうか。

その判断をするにあたって、自分がいるところの空間線量率がどのくらいまでだったら、「放射線被曝を避けることによる被害を防ぐことを優先して、避難しないで建物にこもる」という判断をするのか考えてみます。

筆者は、いろいろな国の自然放射線量の変動の範囲や、大地放射線量の高い

地域の一つであるインド・ケララ州（年平均値は3.8mSv/年、最高値は35mSv/年）でがん発生への影響が認められないこと（第3章第2節）などから、年間追加被曝線量[*5]が10mSvくらいだったら避難しないで被曝対策を徹底するのが合理的だと考えています。これは、子どもがいっしょにいる場合も同様です。

　それでは、年間10mSvの実効線量（コラム2-2参照）は、サーベイメータが表示する空間線量率（周辺線量当量率、コラム2-2）ではどんな値に相当するのでしょうか（以下の計算のくわしい根拠はコラム7-2をご覧ください）。

(a) 年間10mSv（＝10000μSv）を、1日のうち8時間は屋外・16時間は屋内（屋内では放射線の低減効果が0.4と仮定）に滞在するとして、1時間あたりの値を計算すると、

$$10000\,(\mu Sv/年) \div 365\,(日/年) \div [(8(時/日) + 16(時/日) \times 0.4]$$
$$= 1.90(\mu Sv/時)$$

となります。ところが10mSvは実効線量ですから、これを周辺線量当量率にするには1.90μSv/時に1.7をかける必要があります。

$$1.90\,(\mu Sv/時) \times 1.7 = 3.23\,(\mu Sv/時)$$

　したがってこの計算だと、年間10mSvは3.23μSv/時に相当します。

(b) D-シャトル（1時間ごとの線量当量率を日時とともに記録できる個人積算線量計）で測定した個人線量と航空機モニタリングによる空間線量率（周辺線量当量率）の測定値を対比させた結果から、換算係数（個人線量／空間線量）を屋外が0.25（0.32と0.18の平均）・屋内が0.14（0.14と0.13の平均）として、1日のうち屋外に8時間・屋内に16時間滞在すると仮定すると、

$$10000\,(\mu Sv/年) \div 365\,(日/年) \div [(8(時/日) \times 0.25 + 16(時/日) \times 0.14] \times 1.7$$
$$= 11.2(\mu Sv/時)$$

　したがってこの計算だと、年間10mSvは11.2μSv/時に相当します。

(c) 放射線モニタリング情報で公表されているモニタリングポストの測定値は

吸収線量率（コラム2-2）なので、実効線量から換算するには1.4倍する必要があります。したがって上記の計算をこのようにし直すとそれぞれ、

$$10000(\mu Sv/年) \div 365(日/年) \div [(8(時/日) + 16(時/日) \times 0.4] \times 1.4(Gy/Sv)$$
$$= 2.66(\mu Gy/時)$$
$$10000(\mu Sv/年) \div 365(日/年) \div [(8(時/日) \times 0.25 + 16(時/日) \times 0.14] \times 1.4(Gy/Sv)$$
$$= 9.22(\mu Gy/時)$$

という値が得られます。

　すなわちサーベイメータの実測値では3～11μSv/時くらい、モニタリングポストの測定値で3～9μGy/時くらい、あるいはそれ以下の場合は、避難しないで被曝量を減らす対策（第2章第3節参照）を徹底するのが合理的だと考えます。
　避難しないという選択をしたら、地震や豪雨などの自然災害と同様に備蓄品が必要になります。以下はその際に、最低限は備えておいた方がいいという一例です。[*6]

食品：水（飲料水、調理用など）、主食（レトルトご飯、麺など）、主菜（缶詰、レトルト食品、冷凍食品）、缶詰（果物、小豆など）、野菜ジュース、加熱せずに食べられる物（かまぼこ、チーズなど）、菓子類（チョコレートなど）、栄養補助食品、調味料（醤油、塩など）

被災地の避難生活をした方が重宝した物：水、カセットコンロ・ガスボンベ、常備薬、簡易トイレ、懐中電灯、乾電池、充電式などのラジオ、ビニール袋、食品包装用ラップ

生活用品：生活用水、持病の薬・常備薬、救急箱、ティッシュペーパー、トイレットペーパー、ウェットティッシュ、生理用品、使い捨てカイロ、ライター、ゴミ袋・大型ビニール袋、簡易トイレ、充電式のラジオ、携帯電話の予備バッテリー、ラテックス手袋、懐中電灯、乾電池

　自宅に留まって生活するためには、日頃から自宅で生活する上で必要な物を備えておくことが重要です。そのために、日頃から利用している食品などは、

「少し多めに購入する→少し多めの状態をキープする→日常の中で消費する→なくなる前に買い出しに行く」という“日常備蓄”の考え方ならば、特別な準備は必要ありません[*6]。表7-6は備蓄用食料品のチェック表の一例[*7]ですが、こういったものを参考にして３日～１週間程度は日常備蓄しておくとよいと思います。

備蓄用食料品をチェック　tenki.jp 知る防災

	備蓄品の例		備蓄数と不足数をチェック			
	1日分の目安(1人)	商品の例	家に備蓄している食品名	必要数（家族の人数×3食×3日以上）	家にある備蓄数	不足数
飲料	約3L	飲料水		□人×3(食)×3(日)=□個以上		
炭水化物を摂れるもの	3食分	アルファ化米		□人×3(食)×3(日)=□個以上		
		レトルトご飯		□人×3(食)×3(日)=□個以上		
		乾麺・パスタ類		□人×3(食)×3(日)=□個以上		
タンパク質を摂れるもの	3食分（1食につき1個程度）	レトルト食品		□人×3(食)×3(日)=□個以上		
		缶詰		□人×3(食)×3(日)=□個以上		
		加熱せず食べられる加工食品		□人×3(食)×3(日)=□個以上		
栄養を補助するもの	それぞれの人に合わせた必要量	バランス栄養食		□人×3(食)×3(日)=□個以上		
		サプリメント		□人×3(食)×3(日)=□個以上		
		ジュース類		□人×3(食)×3(日)=□個以上		

1人9食(3食×3日分)を目安に家族分を備蓄。月に1～2回程度食べて買い足す習慣をつけ、賞味期限が切れないようにしましょう。

図7-6　備蓄品チェック表の一例
出典：日本気象協会 HP

コラム7-2
空間線量率がどのくらいだと1年で追加線量が1mSvとなるのか？

福島第一原発事故が起こった初期には、ガラスバッジなどの個人線量計（個人が被曝した放射線量を測定するための道具）による測定が困難だったため、事故により放出された放射性物質による追加被爆線量として、年間1mSvに相当する空間線量率は0.23μSv/時（NaI（Tl）シンチレーションサーベイメータの測定値）と示されました[*8]。その後、個人線量の測定データが蓄積されていくと、年間1mSv＝0.23μSv/時は過大な換算だということが分かってきて、被曝線量の評価は空間線量率からの推定ではなく、個人線量を用いるべきだという方向に変

わっていきました。ところが、この「1 mSv/年 = 0.23 μSv/時」という考え方がその後も、なかなか消え去っていません。

　0.23 μSv/時という値は、日本国内の自然放射線の平均値 0.04 μSv/時[9]に、福島第一原発事故で追加された被曝線量として年間 1 mSv に相当する0.19 μSv/時[10]を加えて、

$$0.04(\mu Sv/時) + 0.19(\mu Sv/時) = 0.23(\mu Sv/時)$$

の計算により得られたものとされています。

　ちなみに自然放射線量の0.04 μSv/時は、生活環境の自然放射線の全国平均値として得られていた0.58 μR/時を1 R = 8.76mGyで換算して、

$$0.58(\mu R/時) \times 8.76(mGy/R) = 0.051(\mu Gy/時)$$

を得て、これをさらに自然放射線の等方照射の換算係数 0.748を用いて、

$$0.051(\mu Gy/時) \times 0.748(Sv/Gy) = 0.038(\mu Sv/時)$$

と表し、この値を丸めて0.04 μSv/時としたものです。

　この説明でお分かりのように、0.04 μSv/時はサーベイメータで直接測った値ではありません。

　次に福島第一原発事故による追加線量 0.19 μSv/時ですが、これは1日（= 24時間）のうち8時間は屋外、16時間は屋内に滞在するとして、屋内では放射線の低減効果が0.4と仮定して[11]以下のように計算したものです。

$$1000(\mu Sv/年) \div 365(日/年) \div [(8(時/日) + 16(時/日) \times 0.4]$$
$$= 0.19(\mu Sv/時)$$

　国が示したこの値にはさまざまな問題があることが指摘されていて、例えば古田定昭（日本原子力研究開発機構）は、以下のように述べています。[12]

- 周辺線量当量の年間 1 mSvを実効線量に換算すると0.58mSvになり、同じSvの表記でも1.7倍の差がある。
- したがって年間 1 mSvを実効線量とすれば、サーベイメータによる測定で管理すべき追加線量は、0.19μSv/時の1.7倍の0.32μSv/時になる。
- サーベイメータで測定するのは周辺線量当量なのに、自然放射線量0.04μSv/時は実効線量であり、科学的に正確でない。
- 自然放射線量の全国平均値は、 1 cm線量当量では0.06μSv/時だから、この値を用いるべきである。
- そうすると、自然放射線（バックグラウンド、BG）を含む年間 1 mSv（ 1 cm線量当量）に相当する値は0.25μSv/時（＝ 0.19＋ 0.06（BG））となり、これがサーベイメータで管理すべき値となる。この値に収まっていれば、屋内での低減効果を考慮しなくても実効線量で年間 1 mSv以下になる。
- 法令によるそれぞれの基準は実効線量で評価していて、一般公衆（放射線業務に携わる人以外の人）は等方照射であるから、基準である 1 mSvは実効線量が適切である。そうすると自然放射線を含んだサーベイメータで管理すべき値はさらに大きくなり、0.38μSv/時（＝ 0.32＋ 0.06（BG））となる。

また、産業技術総合研究所と気象研究所のグループは南相馬市・福島市・伊達市・二本松市・郡山市などで、D-シャトルで測定した個人線量と航空機モニタリングによる空間線量率（周辺線量当量率）の測定値を対応させて、次のことを明らかにしました。[*13]

- 個人の外部追加線量は周辺線量当量の約 5 分の 1 であった。
- 周辺線量当量から外部追加線量を推計するさいの換算計数は、屋内が0.14、屋外が0.32であった。

内藤航（産業技術総合研究所）らは、飯舘村の住民38人にD-シャトルを装着してもらって個人線量を測定し、航空機モニタリングで得ら

れた空間線量率（周辺線量当量率）の測定値との比を求めました。その結果（個人線量／空間線量）は屋内で中央値 0.13（最小値 0.06〜最高値 0.27）、屋外で 0.18（0.08〜0.36）であったと報告しています。[*14]

換算係数（個人線量／空間線量）が 0.15 だと 0.76 μSv/時が、0.20 だと 0.57 μSv/時が年間 1 mSv に相当します。

これらの結果から、追加被爆線量で年間 1 mSv に相当する空間線量率は、0.23 μSv/時ではなくてその約 2〜3 倍にあたる、0.38 μSv/時〜0.76 μSv/時くらいの範囲にあるだろうと推定されます。

(3) さまざまな対策で放射線量は確実に減らすことができる

避難しないで被曝対策を徹底すると判断して、自分のいる場所の年間被曝線量が当初 10mSv くらいと推定した場合でも、さまざまな対策を行うことによって被曝線量は確実に減らすことができます。[*15]

その一つが除染です。除染は、放射性物質が付着した土を削り取ったり、木の葉や落ち葉を取り除いたりして遠くに持って行ったり、建物の表面を洗浄したりすることです。除染で放射性物質がなくなるわけではありませんが、生活空間から遠ざけることで、放射線量を下げることができます。部屋のゴミを掃除機で吸っても、ゴミはなくなるわけではありませんから、除染も同じといえるでしょう。放射性物質が付着した土を削って、穴を掘って深く埋めることも除染になります。放射性物質を土やコンクリートで埋めてしまえば、飛んでくる放射線を遮ることができるからです。

除染による効果を実際に見てみましょう。福島県本宮市では 2011 年 5 月から、学校の校庭や保育園・幼稚園の園庭の表土をはぎ取る除染が行われました。上手に除染すれば放射線量は元の 10 分の 1 に、普通に除染して 5 分の 1 に、除染があまりうまくいかなくても元の 3 分の 1 に下がりました。公園や公共建物、宅地などの除染によって、空間線量率が元の 3 分の 1 〜 5 分の 1 に下がるなどの効果が得られて、しかも放射線量が除染前に戻ったところは 1 つもありませんでした。

図 7-7 は、福島県本宮市に住む兄妹に個人線量計をつけてもらって、積算被曝線量を測った結果です。[*16] この兄妹が住んでいた地域は、本宮市内でも空間線

量率が最も高い地域でした。

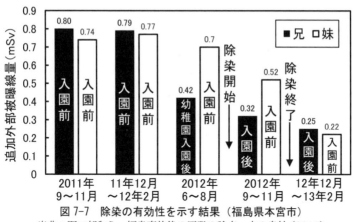

図 7-7　除染の有効性を示す結果（福島県本宮市）
出典：野口邦和ら、福島事故後の原発の論点、本の泉社（2018）

　兄が2012年6月以降に大きく下がった理由は、この子が4月から保育園に入園したからです。保育園では2011年5〜6月に園庭の除染が行われ、さらに園舎も放射線をさえぎる効果が大きい鉄筋コンクリートで造られていました。2012年12月までに地域での除染も終了したので、妹は幼稚園の入園前でしたが兄と同じくらいの被曝線量に下がりました。2016年9〜11月に測定された結果は、兄妹ともに0.1mSvを下まわっていて、一度下がった積算線量がまた元に戻ることはありませんでした。

　本宮市のこのデータは、除染がきちんと行われれば追加外部被曝線量は目に見えて下がっていき、後戻りすることはないことを示しています。

　原発事故の直後で、大量の放射性物質が空気中に漏れ出した場合、風向きが自分のいる場所に向かっていて雨や雪が降っている場合、雨や雪とともに放射性物質が落ちてくると予想されるので、濡れないようにしなければなりません。そのような時は外出を控え、もしどうしても外に出る必要があるならば、フード付きで全身を覆うレインコートを着用して、長靴もはきましょう。帰宅した際は、靴に放射性物質を含む泥が付着していることもあるので、家に入る前に泥をよく落としましょう。雨に濡れてしまった場合は、シャワーを浴びれば放射性物質は洗い流せます。また、濡れた衣服も日常に使っている洗剤を使って洗濯すれば、放射性物質は取り除けます。

原発事故が起こってから時間がたって、大気中に放射性物質が大量に漏れ出している状況でなくなれば、外出に神経質になる必要はありません。暑い日は長そで、長ズボンの必要はありませんし、皮膚を露出しても大丈夫です。家の中にいる時でも、暑ければ窓を開けて風を入れても差し支えありません。

　なお、風の強い日は放射性物質が土ぼこりになって舞い上がることがありますから、不織布のマスクをすれば吸い込むことを防げます。家の中にいる場合も窓は閉めたほうがいいでしょう。チリやホコリにくっついて空気中をただよう放射性物質は、「ついたものは取る」「吸い込まない」という対策が大事です[*15]。

　内部被曝を防ぐためには、放射性物質をできるだけ体に入れないことが大事で、福島第一原発事故後に行われた対策が参考になります。福島県では、放射性物質の農産物への吸収を防ぐ対策と、徹底した食品検査によって、内部被曝をきわめて低いレベルに抑えることができました（第2章第3節（3）参照）。

⑷ 避難する場合も天気や風向などにも注意して

　周辺の放射線被曝の被害のリスクが避難によるリスクより大きいと判断し、避難することを選択した場合も、天気や風向などに注意する必要があります。原発から放射性物質が環境に放出されて、チリやホコリに付着して風に乗って運ばれている際に雨や雪が降ると、地上に降り注いできます。その時に雨や雪が付着すると、皮膚や頭髪、衣服や靴などが放射性物質で汚染します。また、原発から自分のいる場所に向かって風が吹いている場合、放射性雲が自分のほうに向かってくる可能性が高くなります。

　したがって避難に際しても、天気や風向・風速の現況と予報を十分に知った上で、放射線被曝や放射性物質による汚染を防ぎながら行動する必要があります。空間線量率が高かったり、雨や雪が予想されたりする場合は、建物の中にいてやり過ごすといった判断も求められます。

　原発が立地する自治体やその周辺の自治体に住んでいる人には、図7-8のような原子力災害時の対応を書いたチラシやパンフレットが配られていると思いますから、避難する際に参考にするといいでしょう。

図 7-8 「原子力防災の対応」チラシ
出典：石川県

避難する際の服装は、長そでの服やズボン、靴下などを着用して、なるべく皮膚が露出しないようにします。その上にフードがあるレインコートを着て頭も覆い、ラテックス手袋をして長靴をはくと、もっといいでしょう。

　避難先に着いたら、レインコートや手袋、長靴はすぐに抜いてビニール袋などにひとまとめにして入れて、建物の外に置いておきます。放射性物質で汚染している可能性があるからで、それらを入れたビニール袋は他の人がさわったりしないように保管します。

　なお、避難所には自動車やバスで移動すると思いますが、これらのものは外部からの放射線を遮蔽する効果はさほどありません。筆者が測定したところ、自動車の外と中の空間線量率の比は1：0.65でした。[*17]

　原発が立地する道県や隣接する府県などでは「原子力防災訓練」が毎年あり、そこでは避難した住民や車両の汚染検査や、汚染を取り除く訓練などが行われています。

　原子力防災のチラシを読んだり訓練に参加したりして、避難する際にはどうしたらいいのか、どんなことに注意したらいいのかをあらかじめ知っておきましょう。またチラシや訓練で不安に思ったことや分かりにくいことなどがあったら、自分が住んでいる自治体に伝えることも大切だと思います。

図 7-9　原子力発電所の周辺で行われる「原子力防災訓練」

参考文献と注

＊1　日本アイソトープ協会、アイソトープ手帳 12版、丸善（2020）.

＊2　原子力規制委員会、放射能モニタリング情報共有・公表システム　放射線量測定マップ.

https://www.erms.nsr.go.jp/nra-ramis-webg/、2022年11月10日閲覧.

＊3　https://www.jma.go.jp/、2022年11月10日閲覧.

＊4　https://www.windy.com、2022年11月10日閲覧.

＊5　被曝線量から天然の放射線による被曝線量を除いたものを、追加被曝線量といいます。ここでの追加被曝線量は、原発事故によって外部にもれ出した放射性物質により、「余計に浴びた」放射線量のことです。

＊6　東京都、東京防災（2015）.

＊7　https://tenki.jp/bousai/knowledge/48ae160.html、2022年11月11日閲覧.

＊8　環境省、除染特別地域・汚染重点調査地域の指定要件等の要素、第1回安全評価検討委員会・環境回復検討会 合同検討会資料、2011年10月10日.
https://www.env.go.jp/jishin/rmp/conf/g01-mat3.pdf、2022年11月8日閲覧.

＊9　原子力安全協会、生活環境放射線（国民線量の算定）（1992）.

＊10　環境省、追加被ばく年間1ミリシーベルトの考え方、第1回安全評価検討委員会・環境回復検討会 合同検討会資料、2011年10月10日.
https://www.env.go.jp/jishin/rmp/conf/g01-mat4.pdf、2022年11月8日閲覧.

＊11　IAEA, Planning for off-site response to radiation accidents in nuclear facilities., Technical Document Issue 225（1979）.

＊12　古田定昭、除染基準 0.23 μ Sv/hは本当に年間1 mSvなのか？、*Isotope News*、第718巻、46-49頁（2014）.

＊13　Naito, W., *et al.*, Relationship between Individual External Doses, Ambient Dose Rates and Individuals' Activity-Pattern in Affected Areas in Fukushima following the Fukushima Daiichi Nuclear Power Plant Accident., *PLOS ONE*, DOI: 10.1371, August 5（2016）.

＊14　Naito, W., *et al.*, Measuring and assessing individual external doses during the rehabilitation phase in Iitate village after the Fukushima Daiichi nuclear power plant accident., *J. Radiol. Prot.*, Vol.32, pp.1-12（2017）.

＊15　野口邦和、放射能からママと子どもを守る本、法研（2011）.

＊16　野口邦和ら、福島事故後の原発の論点、本の泉社（2018）.

＊17　児玉一八、福島県・石川県・福井県における空間線量当量率の測定、**人間と環境**、第39巻、第2号、17-24頁（2013）.

第3節　原子力防災が成り立つための3か条

　ここまで読んでくださった読者の皆さんは、実際に原発でシビアアクシデントが起こった場合、避難しないでさまざまな対策で被曝線量を減らしていくにせよ、あるいは避難するにせよ、命を守るために最も合理的と考えられる行動を一つひとつ判断・選択していくことは容易ではないとお考えではないでしょうか。筆者もそのように思っています。

　もし今後も、「熱の制御が極めてむずかしく、いったんそれに失敗すると、いとも簡単にシビアアクシデントを起こす」という致命的な欠陥をもつ原発を、引き続き日本の電力供給のために使い続けると国が判断するのならば、国民がそういった容易ではない判断ができるようにする責務が国にはあります。そして、日本で原子力防災対策が事故の際に実効性を持つようになるためには、少なくとも以下の3つの条件をクリアしなければならないと考えます。

⑴ 原発で刻々と変わる事故状況を電力会社が包み隠さず知らせ、それを信じてもらえるような信頼を、日ごろから電力会社が住民から得ているのか否か

　原子力防災が成り立つための大前提は、事故の発生とその後の進展に伴って刻々と変わっていく状況が周辺住民に包み隠さず正確に伝わり、その情報を住民が信用しているということです。ところが日本の電力会社はこの入口で、すでにつまずいてしまいます。

　電力会社の信頼ということを考えるたびに、筆者は清水修二さん（福島大学名誉教授）から以前に聞いた次の話を思い出します。

　原子力事故時の緊急時対策の調査でスイスを訪れた際に、連邦政府の役人に「日本では電力会社は情報隠しをすることがあるが、スイスではどうなのか」と聞いたところ、「そんなことをしたら、事務所に爆弾を投げ込まれる」と笑いながらいって、そんなことはあり得ないという返事をしてきた。

日本の電力会社が事故や情報隠しをすることは、枚挙にいとまがありません。2002年8月には、東京電力が福島第一・同第二・柏崎刈羽の各原子力発電所で原子炉容器にかかわる機器の検査結果や修理結果などの記載をごまかし、ひび割れなどのトラブルを隠していたことが発覚しました。

　筆者の住む石川県では、北陸電力・志賀原子力発電所1号機で1999年6月18日深夜に臨界事故（定期検査で圧力容器のふたが開いていた原子炉で、制御棒が勝手に抜け落ちて核分裂連鎖反応が起こってしまった事故）が発生したにも関わらず、北陸電力は8年にわたってこれを隠ぺいしました。隠ぺいは発電所トップが指示し、その後に本社幹部と発電所などが行ったテレビ会議でもこれを容認しました。

　福島第一原発事故を起こした東京電力は、事故を発生させた当事者であるにもかかわらず、原子力損害賠償紛争解決センター（ADR）による損害賠償で裁判所の和解を拒否しました。いったい自らの責任をどう考えているのか、と思われても仕方ないでしょう。こういったことを続けてきた電力会社が信頼されていないのは、当然のことです。

　電力会社は深く反省して、スイスの電力会社のように「事故隠しすることはあり得ない」という信頼を住民から得られるようにしなければなりません。そうならなければ、原子力防災は成り立ちようがありません。

(2) 道府県・市町村が実効性のある原子力防災計画を持ち、住民がその内容を熟知して、さまざまなケースを想定した訓練がくりかえし行われているのか否か

　第5章でくわしくお話ししたように、現在の原子力防災計画は残念ながら「絵に描いた餅」にすぎず、原発のシビアアクシデントに対応できるとは到底考えられません。また、放射線被曝を避けることによる被害のリスクも考慮していないため、福島第一原発事故においてお年寄りたちが着の身着のままで避難して命を落としたのと同じような悲劇が、また発生してしまうことも危惧されます。したがって、現在の計画を抜本的に見直して、実効性のある原子力防災計画にする必要があります。

また、原発事故が起こった際に、命を守るために最も合理的と考えられる行動を判断・選択するのが容易ではないのは、原発周辺に住む住民がそのために必要なことを学ぶ機会がほとんどなく、実効性のある実地訓練もないからです。日頃やっていないことが、実際に原発事故が起こった時にやれるはずがありませんから、平時に十分な準備をしておく必要があります。

　石川県では志賀原発30km圏内に約15万人が住んでいます。ところが毎年の原子力防災訓練に参加している住民は、そのうち0.2％（約300人）〜 0.7％（約1000人）にすぎません。これでは事故の際の実効性が担保されているとは到底いえないでしょう。訓練への住民参加を大幅に増やす必要があります。

　おまけに毎回の訓練は、日曜日か休日の朝早くに始まって昼過ぎには終わるというのが漫然と続けられてきて、しかも開催日は11月がほとんどです。実際の事故はそんなに都合がよく起こってくれるものではなく、深夜に起こることや、地震・豪雨・大雪といった自然災害と同時に起こることもあるでしょう。

　また、平日に事故が起こったら、日曜日や休日とは違って職場や学校に行っている人が多いでしょうから、自家用車で避難できるのか、学校での子どもの保護者への引きわたしをどうするのかも、状況はまったく違ってきます。

　決まり切ったように11月の休みの日に、十年一日のような想定と日程で訓練を続けるのではなく、平日や夜間、観光客の入り込みが多い夏に行うなど、さまざまなケースを想定した原子力防災訓練を行う必要があります。そしてそれを通じて、大多数の住民が事故の際にどう行動すればいいかを熟知しなければ、実効性のある原子力防災にはなりません。

⑶ 放射性物質の放出量・気象状況・災害や感染症などの状況をふまえて、リスクをできるだけ小さくするためにどう行動すればいいか、住民が的確に判断するための準備ができているのか否か

　くり返しお話ししたように、原発事故が起こったら、状況にかかわらずただちに避難するというのは、合理的な判断ではありません。原発事故が起こったら、放射線被曝による被害のリスクと当時に、放射線被曝を避けることによる被害のリスクがあるからです。さらに災害や感染症流行時には、それらのリス

クも加わってきます。そういった状況の中で命を守るためには、一つひとつの
リスクを比較・考量してリスクがもっとも小さくなる行動を選び取らなければ
なりません。そういったことができるようにするために、さまざまなリスク評
価を行うための科学的な知識が必要になります。また知識を持っているだけで
は不十分で、さまざまな状況の中でそれを適切に応用できる能力も欠かせませ
ん。

　こうしたことが可能になるためには、国や原発立地道県や隣接府県、市町村
などが責任をもって、学習教材の作成や配布、学習会の開催、第１種放射線主
任者の国家資格を持った人の養成と活動への参加などを進めていく必要があり
ます。

　原子力防災が成り立つための３か条は、いずれもその実現は容易ではありま
せん。筆者が石川県で30年以上にわたって原子力防災計画を研究し、訓練を視
察してきたことをふまえると、現状は"日暮れて途遠し"としかいいようがあり
ません。そのような現状にあるのは、日本では原子力防災問題が真摯に検討さ
れてこなかったからです。

　例えばアメリカでは、ショーラム原発が1984年に完成したのですが、事故時
の避難計画に実効性がないとして州知事がその運転を承認しませんでした。そ
のため同原発は営業運転を行うことなく、1989年に廃炉が決まりました。とこ
ろが日本では、2013年に策定された新規制基準は原子力防災が審査対象に含ま
れておらず、実効性のある原子力防災対策がなくても原発の運転が可能になっ
ています。

　こういった状況はただちに変えていかなければなりません。国や電力会社が
今後も原発を使い続けたいというのであれば、原子力防災計画を新規制基準の
審査対象に組み込んでその実効性を検証する必要があります。そして原子力防
災が成り立つための３か条が、間違いなく担保されているという状況を自らの
責任でつくり上げなければなりません。それができないならば、原発利用から
速やかに撤退すべきであると考えます。

あとがき

　この本は、原子力防災計画の研究と訓練の視察を 30 年以上続けてきて、その集大成のつもりで書きました。

　私は原発問題に長年とりくんできたのですが、原子力防災はなかなか腰を据えた議論がしにくい分野だと思っていました。原発に反対している人たちの中には、「原子力防災について考える＝原発を容認している」と考えている人も少なくないようで、原子力防災訓練の視察を続けてその問題点を洗い出し、県などに伝えて一歩ずつ改善を求めていくという活動はなかなか理解してもらえませんでした。原発に賛成している人たちにとっても原子力防災は、「推進する上で邪魔な、触れてほしくない問題」のようでした。

　ですが、原子力発電所が近くにある、あるいはさほど遠くないところにある環境の中で暮らしていれば、「原発で重大な事故が起こってしまった際にどのようにして命を守るか」という問題に無縁でいることはできません。それだけではなく、「生活や産業を支えるエネルギーや電力を供給するために、原子力発電は引き続き必要だ」という選択をしたならば、原子力防災は全ての国民にとって無縁でいることはできない問題のはずです。

　この本では、原発事故が起こってしまった際に命を守るためには、放射線被曝による被害のリスクを的確につかむ必要があること、そして「放射線被曝を避けるために避難することにもリスクがあること」をふまえれば、状況にかかわらずただちに避難するというのは合理的ではないこと、を述べています。福島第一原発事故後の被害の状況を丹念に分析すれば、これは自明の理であると思います。

　その上で原発事故が不幸にして起こってしまった場合、自分が居住・滞在するところの空間線量率がどのくらいまでだったら、「放射線被曝を避けることによる被害を防ぐことを優先して、避難しないで建物にこもる」と判断をするのかについて具体的な数字を提案しました。そこでは、子どもがいっしょにいる場合でも、年間追加被曝線量が 10mSv くらいだったら避難しないで被曝対

策を徹底するのが合理的であり、サーベイメータの実測値では3〜11μSv/時くらい、モニタリングポストの測定値で3〜9μGy/時くらいに相当すると書きました。なお、高齢者施設や病院などでは、放射線被曝を避けることによる被害のリスクは健康な人よりも大きくなると推測されますから、「避難しないで建物にこもる」という判断をする分岐点となる空間線量率はもっと高くなるはずです。

　そもそも、原発周辺に住んでいるたくさんの人たちが、一斉に避難するというのは現実的に可能とは考えられません。したがって、「放射性物質除去フィルターを通して給気する」、「窓などに放射線遮蔽の備えをする」、「非常用発電機と燃料を準備し、食料や水、衛生用品などを備蓄する」といった準備をして屋内退避をする選択肢は、もっと積極的に議論して広げるべきだと考えます。ところがこれまで、そのような選択肢は「被曝を容認する」といった理由で、議論することすら拒まれていたように思えます。

　本書を執筆しながら、国や原発立地道県、電力会社などに「住民の命を守る"覚悟"はあるのか」ということをずっと考えていました。

　原発事故が起こった際に、避難しないでさまざまな対策で被曝線量を減らしていくにせよ、あるいは避難するにせよ、命を守るために最も合理的と考えられる行動を判断・選択していくことは容易ではありません。そのようなことが可能になるには、さまざまな準備も必要となります。ところが原子力防災が成り立つようにするためには、容易ではない道を進むしかないのです。

　福島第一原発事故を起こしてしまったけれども、生活や産業を支えるエネルギーや電力を安定供給するために引き続き原発を利用すると国・道県・電力会社が考えるのならば、原子力防災が成り立つために必要なことを、覚悟を持って作り上げていくべきでしょう。

　国民も、原発で重大な事故が起こってしまった際にどのようにして命を守るかという問題を抜きにして、原発を引き続き電力供給のために使うのかそれとも撤退していくのかという議論はすべきではないと考えます。そして、「放射線被曝を避けることによる被害を防ぐことを優先して、避難しないで建物にこもる」という判断にあたって提案した具体的な数字は、そうした議論の第一歩になると思います。

原稿を細かに読んでコメントをくださった核・エネルギー問題情報センター常任理事の野口邦和さんと同じく常任理事の岩井孝さん、刊行にあたりお世話になったあけび書房の岡林信一社長に心から感謝いたします。そして、この本を手に取って読んでくださった読者の皆さまにお礼を申し上げます。

　ありがとうございました。

著者略歴

児玉 一八（こだま　かずや）

1960年福井県武生市生まれ。1978年福井県立武生高等学校理数科卒業。1980年金沢大学理学部化学科在学中に第1種放射線取扱主任者免状を取得。1984年金沢大学大学院理学研究科修士課程修了、1988年金沢大学大学院医学研究科博士課程修了。医学博士、理学修士。専攻は生物化学、分子生物学。現在、核・エネルギー問題情報センター理事、原発問題住民運動全国連絡センター代表委員。

著書:単著に『活断層上の欠陥原子炉　志賀原発』（東洋書店）、『身近にあふれる「放射線」が3時間でわかる本』（明日香出版社）、共著に『放射線被曝の理科・社会』（かもがわ出版）、『しあわせになるための「福島差別」論』（同）、『福島第一原発事故10年の再検証』（あけび書房）、『福島の甲状腺検査と過剰診断』（同）、『科学リテラシーを磨くための7つの話』（同）、『気候変動対策と原発・再エネ』（同）、『福島事故後の原発の論点』（本の泉社）など。

原発で重大事故　その時、どのように命を守るか？

2023年2月11日　第 1 刷発行 ©

著　者 ― 児玉一八
発行者 ― 岡林信一
発行所 ― あけび書房株式会社

　　　〒 167-0054　東京都杉並区松庵 3-39-13-103
　　　☎ 03. 5888. 4142　FAX 03. 5888. 4448
info@akebishobo.com　https://akebishobo.com

印刷・製本／モリモト印刷
ISBN978-4-87154-228-9　c3036

CO2削減と電力安定供給をどう両立させるか？

気候変動対策と原発・再エネ

岩井孝、歌川学、児玉一八、舘野淳、野口邦和、和田武著　ロシアの戦争でより明らかに！　エネルギー自給、原発からの撤退、残された時間がない気候変動対策の解決策。

2200 円

新型コロナからがん、放射線まで

科学リテラシーを磨くための7つの話

一ノ瀬正樹、児玉一八、小波秀雄、高野徹、高橋久仁子、ナカイサヤカ、名取宏著　新型コロナと戦っているのに、逆に新たな危険を振りまくニセ医学・ニセ情報が広がっています。「この薬こそ新型コロナの特効薬」、「○○さえ食べればコロナは防げる」などなど。一見してデマとわかるものから、科学っぽい装いをしているものまでさまざまですが、信じてしまうと命まで失いかねません。そうならないためにどうしたらいいのか、本書は分かりやすく解説。

1980 円

子どもたちのために何ができるか

福島の甲状腺検査と過剰診断

高野徹、緑川早苗、大津留晶、菊池誠、児玉一八著　福島第一原子力発電所の事故がもたらした深刻な被害である県民健康調査による甲状腺がんの「過剰診断」。その最新の情報を提供し問題解決を提案。
【推薦】玄侑宗久

2200 円

原子力政策を批判し続けた科学者がメスを入れる

福島第一原発事故 10 年の再検証

岩井孝、児玉一八、舘野淳、野口邦和著　福島第一原発事故の発生から、2021 年 3 月で 10 年。チェルノブイリ事故以前から過酷事故と放射線被曝のリスクを問い続けた専門家が、健康被害、避難、廃炉、廃棄物処理など残された課題を解明する
【推薦】安斎育郎、池田香代子、伊東達也、齋藤紀

1980 円

3・11から10年とコロナ禍の今、ポスト原発を読む

吉井英勝著　原子核工学の専門家として、大震災による原発事故を予見し追及してきた元衆議院議員が、コロナ禍を経た今こそ再生可能エネルギー普及での国と地域社会再生の重要さを説く。

1760円

市民パワーでＣＯ２も原発もゼロに

再生可能エネルギー100％時代の到来

和田武著　原発ゼロ、再生可能エネルギー１００％は世界の流れ。日本が遅れている原因を解明し、世界各国・日本各地の優れた取り組みを紹介。

1540円

福島原発事故を踏まえて、日本の未来を考える

脱原発、再生可能エネルギー中心の社会へ

和田武著　世界各国の地球温暖化防止＆脱原発エネルギー政策と実施の現状、そして、日本での実現の道筋を分かりやく記し、脱原発の経済的優位性も明らかにする。

1540円

憲法９条を護り、地球温暖化を防止するために

環境と平和

和田武著　確実に進行している環境破棄と起きるかもしれない戦争・軍事活動。この二つの問題を不可分かつ総合的に捉える解決策を示す。

1650円

ひろしま・基町あいおい通り

原爆スラムと呼ばれたまち

石丸紀興、千葉桂司、矢野正和、山下和也著　原爆ドーム北側の相生通り。半世紀前、今からは想像もつかない風景がそこにあった。その詳細な記録。

【推薦】こうの史代

2200円